丹江口库区及上游水污染防治和水土保持"十三五"规划研究报告

马乐宽　杨文杰　续衍雪　路　瑞　孙宏亮　张玉华　等　著

中国环境出版社 · 北京

图书在版编目（CIP）数据

丹江口库区及上游水污染防治和水土保持"十三五"规划研究报告／
马乐宽等著 . —北京：中国环境出版社，2016.12
ISBN 978-7-5111-2978-9

Ⅰ . ①丹… Ⅱ . ①马… Ⅲ . ①水库—水污染防治—研究报告—丹
江口②水土保持—规划—研究报告—丹江口—2016—2020 Ⅳ . ①X524
②S157

中国版本图书馆 CIP 数据核字（2016）第 305317 号

出 版 人	王新程
责任编辑	李卫民
责任校对	尹芳
封面设计	岳帅

出版发行　中国环境出版社
　　　　　（100062　北京市东城区广渠门内大街 16 号）
　　　　　网　　　址：http://www.cesp.com.cn
　　　　　电子邮箱：bjgl@cesp.com.cn
　　　　　联系电话：010-67112765（编辑管理部）
　　　　　　　　　　010-67112735（第一分社）
　　　　　发行热线：010-67125803，010-67113405（传真）

印　　刷	北京盛通印刷股份有限公司
经　　销	各地新华书店
版　　次	2016 年 12 月第 1 版
印　　次	2016 年 12 月第 1 次印刷
开　　本	787×960　1/16
印　　张	7.75
字　　数	153 千字
定　　价	20.00 元

前　言

　　南水北调工程是实现我国水资源优化配置、促进经济社会可持续发展、保障和改善民生的战略性基础设施。为保障南水北调中线水源安全，国务院先后于 2006 年 1 月批复《丹江口库区及上游水污染防治和水土保持规划》，2012 年 6 月批复《丹江口库区及上游水污染防治和水土保持"十二五"规划》。通过规划实施，丹江口库区及上游的水质得到保障、生态环境和水源涵养能力得到改善，保证南水北调中线按期实现了调水目标，2014 年 12 月 12 日南水北调中线正式通水运行。

　　"十三五"期间，南水北调中线水源污染防治和水土保持的成效仍需进一步巩固，保障中线工程持续供水安全仍面临压力。为此，受国务院南水北调工程建设委员会办公室委托，由环境保护部环境规划院牵头会同中国国际工程咨询公司和长江水利委员会长江流域水土保持监测中心站组成联合体，承担了《丹江口库区及上游水污染防治和水土保持"十三五"规划》编制工作。

　　本书是规划编制过程中相关研究成果的总结，共分为 8 章。第 1 章为总论，主要介绍规划编制的背景、思路、技术路线和主要内容；第 2 章为形势分析，在数据分析的基础上，介绍了流域水环境、主要污染物排放以及水土保持等状况，总结了面临的问题和压力；第 3 章为规划分区体系，包括控制单元划分、基础数据核定、优先控制单元筛选等内容，为推进精细化管理提供空间基础；第 4 章为规划目标及指标；第 5 章为规划任务，从污染防治、生态建设、风险防范、经济社会发展等方面设计了"十三五"期间的重点工作；第 6 章介绍了针对水污染防治优先控制单元的细化研究成果，每个优先控制单元包括问题分析、目标与思路、治理方案等内容；第 7 章为规划项目研究，包括项目类型设置、筛选原则、投资匡算、效益估算、实施机制等内容；第 8 章从组织、资金、科技等角度研究了促进规划实施的政策机制保障。

　　具体编写分工如下：第 1 章、第 4 章主要由马乐宽、杨文杰执笔，第 2 章主要由杨文杰、孙运海执笔，第 3 章主要由孙宏亮、赵康平执笔，第 5 章主要由续衍雪、路瑞、孙宏亮、张玉华执笔，第 6 章主要由杨文杰、谢阳村、路瑞、续衍雪执笔，第 7 章主要由钱益春、张玉华、马乐宽等执笔，第 8 章主要由路瑞、续衍雪执笔。全书由马乐宽统一修改定稿。

　　本书在研究和写作过程中，得到了国务院南水北调工程建设委员会办公室及中国环境科学研究院、国家测绘地理信息局卫星测绘应用中心、长江水资源保护科学研究所、中国城市建设研究院、国家城市给水排水工程技术研究中心、中国农业科学院、国家林业调查规划设计院等单位、领导、专家的大力支持和帮助，在此表示衷心的感谢！

由于作者水平有限，书中难免有错漏之处，敬请各位专家和广大读者批评指正。

作　者

2016 年 12 月

目　录

第1章　规划总论 ……………………………………………………… 1

1.1　规划研究背景 …………………………………………………… 1

1.2　规划编制思路 …………………………………………………… 5

1.3　规划研究技术路线和主要内容 ………………………………… 6

第2章　流域水污染防治和水土保持形势分析 …………………… 9

2.1　流域概况 ………………………………………………………… 9

2.2　"十二五"规划实施情况 ……………………………………… 16

2.3　"十三五"水源区保护新特点 ………………………………… 16

2.4　流域水环境状况 ………………………………………………… 17

2.5　主要污染物排放状况 …………………………………………… 28

2.6　水土保持状况 …………………………………………………… 31

2.7　水环境问题识别 ………………………………………………… 32

2.8　水环境压力分析 ………………………………………………… 33

第3章　流域水环境分区管理体系研究 …………………………… 35

3.1　分区管理思想 …………………………………………………… 35

3.2　分区方法 ………………………………………………………… 35

3.3　分区结果 ………………………………………………………… 39

3.4　控制单元基础数据核定 ………………………………………… 44

3.5　优先控制单元筛选 ……………………………………………… 49

第4章　规划目标研究 ……………………………………………… 57

4.1　规划目标指标体系 ……………………………………………… 57

4.2　水环境质量指标与目标的确定 ………………………………… 57

4.3　生态建设目标 …………………………………………………… 63

4.4　经济社会发展目标 ……………………………………………… 63

第5章　规划任务 …………………………………………………… 65

5.1　点源污染防治 …………………………………………………… 65

　5.2　面源污染防治 ································· 66

　5.3　生态建设 ···································· 68

　5.4　风险管控 ···································· 70

　5.5　经济社会发展 ································· 71

第6章　水污染防治优先控制单元方案研究 ··············· 73

　6.1　神定河控制单元 ······························· 73

　6.2　犟河控制单元 ································ 75

　6.3　剑河控制单元 ································ 77

　6.4　泗河控制单元 ································ 79

　6.5　库周南阳控制单元 ····························· 81

　6.6　库周十堰控制单元 ····························· 84

　6.7　库尾湖北控制单元 ····························· 86

　6.8　老灌河西峡控制单元 ··························· 88

　6.9　老灌河淅川控制单元 ··························· 90

　6.10　丹江陕西省界控制单元 ························· 92

　6.11　汉江陕西省界控制单元 ························· 95

第7章　规划项目研究 ······························· 101

　7.1　项目类型设置 ································ 101

　7.2　项目筛选原则 ································ 101

　7.3　项目投资匡算 ································ 102

　7.4　项目效益估算 ································ 102

　7.5　项目实施机制 ································ 103

第8章　政策机制保障 ······························· 105

　8.1　组织保障 ···································· 105

　8.2　资金保障 ···································· 106

　8.3　科技保障 ···································· 107

附图 ··· 109

　附图1　控制单元划分图 ··························· 109

　附图2　丹江口库区及上游各断面总氮质量浓度分布图 ····· 110

附表　规划分区与控制单元划分 ······················· 111

第1章 规划总论

1.1 规划研究背景

1.1.1 前两期规划概况

"十一五"和"十二五"期间,丹江口库区及上游流域已实施了两期水污染防治和水土保持规划,为丹江口库区及上游流域水质和生态保护提供了有力的保障,2014年12月,南水北调中线工程正式通水。

1.1.1.1 "十一五"规划

丹江口库区及上游地区是南水北调中线工程水源区,党中央、国务院高度重视水源区水质保护工作,多次强调治污环保是南水北调工程成败的关键,社会各界也普遍关注调水水质。为落实国务院关于南水北调工程建设"先节水后调水、先治污后通水、先环保后用水"的原则,保护好丹江口水库"一库清水",促进区域经济社会发展与生态环境建设,2006年2月,国务院批复了《丹江口库区及上游水污染防治和水土保持规划》(国函〔2006〕10号),即《"十一五"规划》(以下简称"规划")。

规划范围涉及丹江口库区及上游陕西、湖北、河南三省7个地(市)的40个县,土地总面积8.81万 km^2。基于丹江口水库水质现状可以达到调水要求,为防止社会经济发展产生新的水土流失和新污染源,确定了预防为主、保护优先;水质、水量并重,点源、面源同控;统筹协调,突出重点;立足近期,着眼长远;政府引导,社会参与五条规划原则。

规划目标是丹江口库区水质长期稳定达到《地水环境质量标准》Ⅱ类要求,汉江干流省界断面水质达到Ⅱ类标准,直接汇入丹江口水库的各主要支流达到不低于Ⅲ类标准。水土流失严重地区,开展以小流域为单元的综合治理,使治理区25个县的水土流失治理程度达到30%~40%,开展治理的小流域减蚀率达到60%~70%,林草植被覆盖度增加15%~20%,年均减少入库泥沙0.4亿~0.5亿 t,增强水源涵养能力,年均增加调蓄能力4亿 m^3 以上。

根据规划原则和规划目标,在流域水资源规划和土地利用规划的基础上,进行了流域水质规划和水土保持总体规划、区域治污规划和水土保持规划、水污染防治和水土保持工程与管理项目规划和投资规划三个层面的工作。划分了水源地安全保障区、水质影响控制区和水源涵养生态建设区，分区规定了治理污染与水土保持任务。

规划提出了建设污水处理厂、工业点源治理、小流域综合治理、垃圾清理及处理、生态农业示范工程、科学技术研究与推广、监测能力建设等措施，重点抓好库周围湖北、河南直接入库河流的水污染防治和小流域水土保持，使水质迅速改善以保障人民饮水安全。同时要求丹江口库区及上游主要城市安康、商州、汉中遵循城市建设规律，搞好基础设施建设，依托汉江干流上的安康水库、石泉水库，形成保护丹江口水库的生态屏障。

规划确定水污染防治近期项目 97 个，水土保持与面污染源防治近期项目 781 个，总投资 69.89 亿元左右。每年可削减 COD 9.6 万 t，氨氮 0.39 万 t，使治理区 25 个县的水土流失治理程度达到 30 % ～ 40 % 。

规划提出了加强领导和组织协调，建立部际联席会议制度；制定并完善水源地保护法规；建立多元化的投融资体制；加强项目建设的协调和运行管理；加强执法监督；提高科学技术支撑能力，推动科技成果的转化和运用以及建立生态监测网络等多项规划保障措施。

1.1.1.2 "十二五"规划

为确保完成国务院南水北调工程建设委员会确定的 2014 年中线工程通水目标，在总结前一时期规划实施经验和问题的基础上，国家发展改革委会同国务院南水北调工程建设委员会办公室、水利部、环境保护部、住房和城乡建设部等有关部门，协调水源区三省，组织技术力量对规划进行了修编。2012 年 6 月，国务院批复了《丹江口库区及上游水污染防治和水土保持"十二五"规划》（国函〔2012〕50 号）。

规划范围包括丹江口库区及上游河南、湖北和陕西 3 省，8 地（市），43 县（市、区），规划基准年为 2010 年，规划期为 2011—2015 年。"十二五"规划总体思路是：以确保丹江口水库及上游主要入库干支流水质达到南水北调中线工程调水要求为出发点，根据全国重点流域水污染防治"十二五"规划的总体要求，在总结评估"十一五"期间规划实施情况的基础上，核定规划分区、控制单元范围以及基础数据，评价并筛选优先控制单元，统筹安排水污染防治和水土流失治理任务，合理布局各类项目；优先考虑消除规划区水质不达标河段，进一步削减化学需氧量（COD）和氨氮负荷，特别是要控制入库氨氮排放量。"十二五"规划确定了"政府主导，多方参与；分区控制，分类指导；预防为主，保护优先；统筹项目，严格考核"的基本原则。

规划目标是：2014 年中线通水前，丹江口水库陶岔取水口水质达到 Ⅱ 类（总氮保持稳定）；主要入库支流水质符合水功能区要求；汉江干流省界断面水质达到 Ⅱ 类。2015 年年末，丹江口水库水质稳定达到 Ⅱ 类（总氮保持稳定）；直接汇入丹江口水库的各主要支流水质不低于 Ⅲ 类，入库河流全部达到水功能区目标要求；汉江干流省界

断面水质达到 Ⅱ 类。污染物 COD 和氨氮排放总量控制目标与国家"十二五"分配到相关省的总量指标保持一致。治理水土流失面积 6 295 km²、实施"坡改梯"315 km²；水土流失累计治理程度达到 50 % 以上，新增项目区林草覆盖率增加 5 % ~ 10 %；年均增加调蓄能力 2 亿 m³ 以上，年均减少土壤侵蚀量 0.1 亿 ~ 0.2 亿 t。

　　规划沿用"十一五"规划中的"水源地安全保障区、水质影响控制区、水源涵养生态建设区"三大分区，按照新增淹没区和污染控制区实际需要，调整为 17 个控制单元和 49 个控制子单元；重新核定了各控制单元水资源量，城镇生活及工业用水量、排水量、污染物排放总量和入河污染物排放总量等数据；筛选出 6 个重点控制单元，制订综合整治方案。

　　规划共安排城镇污水处理设施、垃圾处理设施、工业点源污染防治、入河排污口整治、水环境监测能力建设、水土保持项目、库周生态隔离带建设、农业面源污染防治、尾矿库治理、重污染河道内源污染治理 10 类 445 个项目，项目总投资为 119.66 亿元。

　　规划明确了八项保障措施：一是加强组织协调、健全工作机制，二是明确目标任务、落实工作责任，三是健全政策法规、强化环保监管，四是加大资金投入、拓宽投资渠道，五是严格项目管理、发挥投资效益，六是搞好配套措施、确保治理效果，七是加强科研攻关、提供技术支撑，八是建立监测网络、鼓励公众参与。

1.1.2　国家近期关于生态文明建设的重要战略部署

　　党的十八大将生态文明建设纳入中国特色社会主义"五位一体"总布局，提出在建党一百周年时全面建成小康社会。十八届三中全会提出建立系统完整的生态文明制度体系，用制度保护生态环境。十八届四中全会提出用严格的法律制度保护生态环境，完善水污染防治法律法规。2014 年新修订的《环境保护法》出台，突出保护优先，强调了公民、企业和政府的责任，被形容为"史上最严"。2011 年第七次全国环境保护大会召开，出台《国务院关于加强环境保护重点工作的意见》（国发〔2011〕35 号）；2013 年出台《大气污染防治行动计划》（国发〔2013〕37 号）；2014 年政府工作报告提出向污染宣战。当前，我国经济发展进入新常态，意味着经济结构不断优化，经济增长更多是依靠创新驱动，环境资源要素投入增速放缓，能源资源消耗的平台期有望提前达到，总量和结构有利于环境保护。上述举措彰显了党中央、国务院防治污染、建设生态文明的坚定决心，也为理顺环境保护体制机制、强化法规政策手段提供了历史性机遇。

　　2015 年 4 月 2 日，国务院发布《水污染防治行动计划》（国发〔2015〕17 号）（以下简称《水十条》），以改善水环境质量为主线，对控源减排、结构转型、水资源保护、科技支撑、市场驱动、执法监管等方面做出了翔实的部署，为新时期下向水污染宣战提供了切实可行的行动纲领。

1.1.3 "十三五"规划编制的必要性

尽管南水北调中线工程已于 2014 年 12 月正式通水,但从持续保护流域水质和生态、确保南水北调中线工程永续良好运转的角度出发,丹江口库区及上游流域仍存在少数断面水质未达标、流域总氮浓度总体偏高等问题,"十一五"、"十二五"期间的治理成效仍需进一步巩固,继续编制实施《丹江口库区及上游水污染防治和水土保持"十三五"规划》(以下简称《"十三五"规划》)十分必要。《"十三五"规划》是指导丹江口库区及上游地区水污染防治和水土保持工作的基本依据。《"十三五"规划》要贯彻落实党中央、国务院关于环境保护和生态建设的一系列重大战略部署,细化落实《水十条》的各项目标、任务、措施和要求。

1.1.4 规划范围和期限

丹江口水库控制流域均属于《"十三五"规划》范围,涉及 6 省(市),13 市,49 县(市、区),流域面积约 9.52 万 km²。规划范围如表 1-1 和图 1-1 所示,规划基准年为 2015 年,规划期为 2016 年至 2020 年。

表 1-1　规划范围

省	地(市)	县(市、区)名称	县数/个
河南	三门峡	卢氏(部分)	1
	洛阳	栾川(部分)	1
	南阳	西峡(部分)、淅川(部分)、内乡(部分)、邓州(部分)	4
湖北	十堰	丹江口(含武当山特区)、郧县、郧西、竹山、竹溪、房县(部分)、张湾、茅箭	8
	神农架林区	神农架(红坪镇、大九湖乡)(部分)	1
重庆	—	城口(部分)	1
四川	达州	万源(部分)	1
陕西	西安	周至(部分)	1
	汉中	汉台区、南郑(部分)、城固、洋县、西乡(部分)、勉县、略阳(部分)、宁强(部分)、镇巴(部分)、留坝、佛坪	11
	安康	汉滨区、汉阴、石泉、宁陕、紫阳、岚皋、镇坪、平利、旬阳、白河	10
	商洛	商州区、洛南(部分)、丹凤、商南、山阳、镇安、柞水	7
	宝鸡	太白(部分)、凤县(部分)	2
甘肃	陇南	两当(部分)	1
合计			49

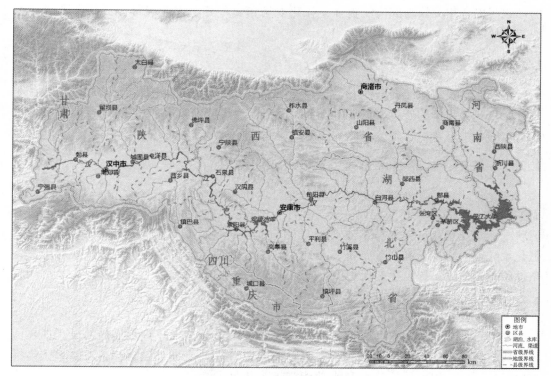

图 1-1 "十三五"规划范围

1.2 规划编制思路

规划编制总体思路是以确保丹江口水库及上游主要入库干支流水质达到南水北调中线工程调水要求为出发点,根据《水十条》等国家战略部署的总体要求,在评估"十二五"规划实施情况和存在问题的基础上,进一步细化、完善水环境分区管理体系,评价并筛选重点控制单元,统筹安排流域水污染防治和水土流失治理任务,合理布局各类工程项目,推进水资源、水环境、水生态综合管理,促进区域科学发展,为确保"一泓清水入库"、"一库清水北上"提供保障。具体来说,在编制过程中要着重注意以下5个方面。

1.2.1 问题导向,系统治理

以解决实际问题为导向,查找分析问题、科学确定目标、研究提出对策,突出黑臭水体治理重点,淡化常规性、一般性任务要求,突出针对性、差异性、可操作性任务要求。统筹水环境、水资源和水生态的系统思维,加强与相关部委的协调,以任务的形式明确各相关管理部门的责任，强化对工信、住建、农业等部门的任务要求，释放"环境红利"。

1.2.2　质量主线，细化落地

以细化落实《水十条》为核心，以"抓两头、带中间"水质目标管理为主线，明确分城市、分水体的质量改善清单，明确目标，落实地方政府环境责任，制订针对性、差别化的施治方案，实施分水体的达标行动或持续改善进程。

1.2.3　深化分区，精准治理

深化"十二五"水环境分区管理体系，向上衔接生态功能区划和主体功能区划，向下衔接水（环境）功能区划成果，并逐步细化，实施网格化精细管理，特别要将排污状况、水质变化、问题分析细化到具体单元，从各控制单元水体的水质目标出发，强化水陆输入响应分析，稳、准、狠地实施综合治理，提高污染防治成效。对于具备条件的控制单元，提出生态保护等方面的前瞻性要求。

1.2.4　统筹衔接，突出特色

衔接《水十条》等国家战略部署的总体要求和"十二五"规划实施基础，抓住流域水质总体优良、以保护为主的特点，坚持点源与非点源统一控制、高功能水体高标准保护的原则，以水污染特征和水功能需求为依据，综合运用多种污染防治手段，统一部署污染防治工作，在保障流域总体水质优良的基础上，逐步改善局部重点地区的水环境质量。

1.2.5　一石多鸟，注重绩效

以保障水质为核心，将总氮控制和农业面源污染防治作为整合水污染防治和水土保持工作的纽带，统筹设计水源涵养、水土流失防治、农田径流污染拦截、种植结构调整等任务，使每项措施尽可能发挥污染防治、水土保持、优化农业发展等多种效益，提高规划项目与投资绩效。

1.3　规划研究技术路线和主要内容

规划研究技术路线：遵循目标导向和问题导向的原则和思路，通过对排污、水质、水量、水生态、水土保持、未来压力等状况的分析，识别主要问题，诊断原因，确定单元内污染防治、生态保护、风险防范等任务，设计筛选针对性的工程项目，研究提出保障措施；通过目标可达性分析，对任务措施进行适当调整，确保目标可达。这一过程往往需要经过几次循环往复。主要环节的研究内容如下。

1.3.1　建立规划分区体系

以污染物与环境质量输入响应关系为基础，统筹乡镇行政区和汇水区边界完整性，兼顾国控、省控、市控断面的使用功能和管理需求，进一步细化、完善水环境分区管理体系，划分并落实控制单元的治污责任，提高水污染防治和水土保持措施的精准性和针对性。

1.3.2　形势分析

评估《"十二五"规划》实施情况。评估丹江口库区及上游水污染防治和水土保持《"十二五"规划》的实施情况，主要内容包括：理清国家和地方资金下达和使用情况；掌握项目实施进展；总结规划实施所取得的成效，例如，主要控制断面水质的达标情况，规划实施前后主要控制断面水质的变化情况；总结面临的困难并分析原因；提出进一步推进库区及上游水污染防治和水土保持工作的建议。

规划需求和问题分析。对控制单元按水质改善、水质维护、风险防范等特征问题进行分类，分析预测其未来走势。以控制单元为载体，建立每个控制单元用水量、废水及污染物排放量（入河量）、水环境质量现状之间的对应关系，确定每个断面的主要污染源及贡献率，系统梳理建立基础数据库，开列水环境问题清单。整理丹江口库区及上游水土保持一期、二期工程项目分布情况，建立水土保持基础数据库，结合各断面水土流失量和面源污染物来源及贡献率，系统分析水土保持工作存在的主要问题。综合反映国家、当地政府和群众对丹江口水库水源区在保护水质安全、生态环境建设、经济社会发展等方面的不同需求。

1.3.3　规划目标任务制定

"十三五"期间，规划定位由"十一五"、"十二五"期间以提高水源区生态环境基础设施覆盖面为主的"保通水"，向在巩固和完善生态环境基础设施基础上，以保障南水北调中线水源区的水质水量、风险可控、经济社会可持续发展为目标的"保供水"转变，污染防治、生态保护和风险防范是三大主要任务。

规划目标制定。从保障南水北调中线工程供水安全的实际需求出发，兼顾目标可达性，从水质、生态保护、风险防范等方面提出规划的目标。

污染防治任务设计。以《水十条》为基本框架，结合丹江口库区及上游流域实际情况，对工业源、生活源、农业源等领域提出污染防治任务。

生态保护。按照"山水林田湖"系统保护的思想，在水土流失治理、石漠化防治、天然林保护、退耕还林还草、丹江口水库消落带保护等方面提出生态保护任务。

风险防范。识别流域内重点风险源，提出风险管控方面的要求。从降低突发环境事件风险、保障供水安全的角度出发，提出尾矿库、交通流动源等重点风险源防范、提升环境监管能力等方面的任务。

1.3.4 项目类型设置与筛选

根据规划目标和任务，提出规划项目类型的设置方案和筛选原则，包括城镇生活污水处理工程（含管网建设、中水回用和污泥处置工程等）、工业废污水集中处理工程、生活垃圾处理工程；排污口整治工程；水土保持工程；农业面源污染防治工程；生态隔离带工程等类型。结合"十一五"、"十二五"期间规划项目实施的经验教训，对规划项目实施机制提出建议。

第2章 流域水污染防治和水土保持形势分析

2.1 流域概况

2.1.1 地质地貌

丹江口库区及上游位于秦巴山区，地处水源区第二级阶梯和第二、第三级阶梯的过渡带，地质构造复杂，褶皱强烈，岩石主要由片麻岩、砂页岩、石灰岩等组成。流域地形由西北向东南倾斜，从河源处的海拔2 000 m下降到丹江口库区的143 m左右，地貌类型有中山、低山、丘陵及盆地，具有峡谷与盆地交替的特点。

2.1.2 气候特征

丹江口库区及上游属于北亚热带季风区的温暖半湿润气候，冬暖夏凉，四季分明，雨热同季，降水分布不均，立体气候明显，旱涝灾害严重；多年平均气温13.7℃，多年平均年降水量873.3 mm，降雨年内分配不均，5－10月降水量占年降水量的80％，且多以暴雨形式出现。多年平均年蒸发量为854 mm，>10℃积温4 174℃，年均日照时数为1 717小时，无霜期平均为231 d。

2.1.3 土壤植被

流域土壤类型主要有黄棕壤、棕壤、黄褐土、石灰土、水稻土、潮土、紫色土等，以黄棕壤和石灰土为主，土层厚度为20～40 cm，坡耕地厚度一般不足30 cm。植被区划属北亚热带常绿阔叶混交林地带，分布夏绿阔叶、针叶林及针阔叶混交林，植物种类繁多，生物多样性丰富。区内植被分布不均，中山区森林覆盖率较高，部分地方保留有原始森林，低山丘陵区森林覆盖率较低，全区森林覆盖率约为23％。

2.1.4 水系概况

流域内河网密布，流域面积在1 000 km²以上的支流有24条，100 km²以上的支流200余条。流域面积大于1 000 km²的支流包括褒河、红岩河、胥水河、子午河、牧马河、泾洋河、池河、任河、岚河、月河、坝河、旬河、乾佑河、夹河、马滩河、天河、堵河、潭口河、官渡河、丹江、银花河、淇河、滔河和老灌河。流域主要河流基本情况如表 2-1 和图 2-1 所示。

表 2-1 丹江口库区及上游流域主要河流基本情况

序号	入库河流	河长/km	控制流域面积/km²	多年平均流量/(m³/s)	年径流量/亿 m³
1	汉江	925	59 115	833	273.27
2	天河	84	1 614	14.8	4.67
3	堵河	342	12 431	236	60.40
4	神定河	58	227	1.52	0.48
5	犟河	35	326	2.00	0.63
6	泗河	67	469	3.62	1.14
7	官山河	66.5	465	7.78	2.45
8	剑河	26.9	47.2	0.32	0.10
9	浪河	57.3	381	5.15	1.62
10	丹江	384	7 560	46.23	14.58
11	淇河	147	1 598	12.1	3.82
12	滔河	155	1 210	16.5	5.20
13	老灌河	254	4 231	37.4	11.79
14	曲远河	53	312	1.74	0.55
15	淘沟河	27	45	0.3	0.11
16	将军河	22.5	61.6	0.44	0.14

2.1.4.1 丹江口水库

丹江口水库，位于汉江中上游，分布于湖北省丹江口市和河南省南阳市淅川县，水域横跨鄂、豫两省。丹江口水库是国家一级水源保护区、中国重要的湿地保护区和国家级生态文明示范区。

丹江口水库由 1973 年建成的丹江口大坝下闸蓄水后形成，横跨湖北、河南两省，由汉江库区和丹江库区组成。丹江口水库多年平均入库水量为 394.8 亿 m³/a，水源来自汉江及其支流丹江。水库多年平均面积 700 多 km²，2012 年丹江口大坝加高后，丹江口水库水域面积达 1 022.75 km²，蓄水量达 290.5 亿 m³。

2.1.4.2 汉江

汉江，又称汉水、汉江河，为长江最大的支流，发源于秦岭南麓陕西宁强县境内，流经沔县（现勉县）称沔水，东流至汉中始称汉水；自安康至丹江口段古称沧浪水，襄阳以下别名襄江、襄水。

汉江流经陕西、湖北两省，在武汉市汉口龙王庙汇入长江。河长 1 577 km，流域面积 1959 年前为 17.43 万 km²，位居长江水系各流域之首；1959 年后，减少至 15.9 km²。干流在湖北省丹江口以上为上游，河谷狭窄，长约 925 km。汉江干流河宽

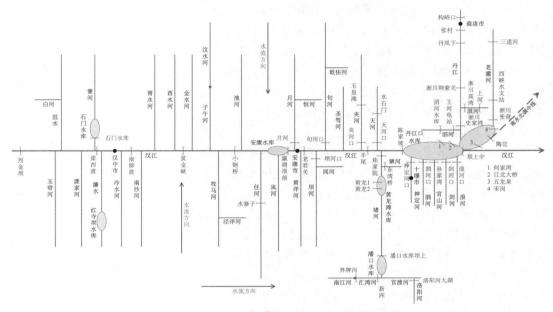

图 2-1　丹江口库区及上游流域水系概化图

平均为 200 ～ 300 m，平均比降为 6 ‰。山高坡陡，谷窄水急。较大的支流左岸有襄河、沮水、酉水河、滑水河、月河、子午河、金钱河、丹江、老灌河等，右岸有玉带河、漾家河、牧马河、任河、岚河、黄洋河、坝河、堵河等。

2.1.4.3　丹江

丹江是长江水系支流汉江的支流，发源于陕西省商洛区西北部的秦岭南麓，流经陕西省、河南省、湖北省，在湖北省丹江口市与汉江交汇于丹江口水库。干流全长 390 km，为汉江最长的支流，流域面积 17 300 km^2，占汉江流域总面积的 10 %。多年平均流量 174 m^3/s，自然落差 1 401 m。丹江径流量小、年际变化大，洪水灾害严重而频繁，含沙量较多。

2.1.4.4　堵河

堵河是汉江水系的第一大支流，直接汇入丹江口水库，发源于秦巴山地北麓，总体流向由西南而东北，跨经陕西省的镇坪、平利和湖北省的竹溪、竹山、房县、郧县、十堰两省七县、市，由西、南两条源流汇合而成。西源流叫汇湾河，源于川陕交界的大巴山北境——陕西省镇坪县的杉树坪，沿途有 49 条河溪汇入，其长约 100 km；南源流叫官渡河，源于渝鄂交界之大神农架北麓的阴条岭，沿途汇入 9 条较大溪流，其长约 93 km。两支源流于竹山县两河口处汇合，"两河口"也因此而得名，汇合后的河流即称为堵河。干流流经现十堰市境河段仅 31.93 km（上游从莫家沟至下游的沙沟），有亮沟、石花沟、大峡河、犟河等 28 条季节性河（溪）流注入，跨舒家乡、黄龙镇、方滩乡，流域面积 539.6 km²。堵河干流全长 342 km，流域面积 12 431 km²，总落差 500 多米，其上游平均落差约为 6.3 %，中游约为 2.3 %，下游约为 1 %。堵河属山溪性河流，径流主要来自雨水，多年平均径流量达 60.4 亿 m³，径流系数 0.57，多年平均流量 236 m³/s，洪水季节最大流量为 12 300 m³/s；大旱之年的最小流量仅 0.77 m³/s。洪水期流量往往为枯水期流量的数百倍至数千倍。

2.1.4.5 老灌河

老灌河直接汇入丹江口水库，它发源于河南省洛阳市栾川县冷水乡南泥湖村，向南流至后龙脖村进入三门峡市卢氏县境，经卢氏县境后又流入南阳市境，流经西峡县的桑坪、石界河、米坪、军马河、双龙、五里桥、城关、回车 8 个乡镇，由西峡县城南部的回车镇垱子岭村进入淅川县境内。由淅川县城北部的上集乡槐树洼村流经淅川县的毛堂、上集、城关、金河、马蹬镇 5 个乡镇，于张营村汇入丹江口水库。全长 259.5 km，流域面积 4 219 km²，上下游落差达 1 340 m。

老灌河在栾川县境内部分称为淯河，是栾川县四大河流之一，流域面积 323.08 km²，属于长江水系，在栾川县境内干流长度为 55.6 km。老灌河在卢氏县境内流域面积 912 km²，流长 57.5 km，由 19 条大小河流汇入老灌河干流，经汤河、五里川、朱阳关 3 个乡镇后，进入南阳市的西峡县和淅川县，注入丹江口水库。径流总量 1.58 亿 m³，老灌河属山区型河道，具有洪水猛、变幅大、纵坡陡、沙石多的特点。

2.1.5 矿产资源

规划区矿产资源丰富、种类众多、品位不高、分布分散，已探明具有工业开采储量的有钼、钒、铅、锌、金、汞、锑、重晶石、钛、石灰石、石英石等 45 种矿产资源，总储量约为 110 亿 t，已开发储量占总储量的比例不到 10 %。

2.1.6 水土流失状况

遥感调查资料显示，水源区水土流失面积约 3.8 万 km²，占土地总面积的 42.1 %。中度以上流失面积约为 2.88 万 km²，占流失面积的 76.8%。平均年土壤侵蚀量 1.3 亿 t，平均侵蚀模数为 3 452t/（km²·a）。

2.1.7 社会经济状况

中线水源区具有典型"老、少、边、穷"特点，经济社会发展总体水平较低，2013 年，丹江口库区及上游人口约为 1 753.77 万，城镇化率约 24.45 %。规划区内 GDP 总量 3 979.1 亿元，人均 GDP 约为 2.27 万元，城镇化率及人均 GDP 均远低于全国平均水平。

水源区以农业生产为主，工业和第三产业发展滞后，三次产业比值为 18.13：49.33：32.54，地区经济落后，财政十分困难。国家扶贫工作重点县 26 个，省级扶贫工作重点县 8 个，是扶贫工作重点县和革命老区相对集中的地区。截至 2013 年 12 月底库区人口及经济统计情况见表 2-2，居民点密度现状见图 2-2。

表 2-2　2013 年丹江口库区及上游人口和经济统计结果

省行政区	地级行政区	县级行政区	总人口/万人	城镇人口/万人	国民生产总值/亿元
陕西省	安康市	汉滨区	102.0	22.66	187.47
		汉阴	31.30	6.99	58.61
		石泉	18.37	5.60	47.79
		宁陕	7.43	1.93	21.35
		紫阳	33.41	5.90	57.54
		岚皋	17.45	3.20	31.0
		镇坪	5.96	1.15	12.95
		平利	23.80	6.00	51.31
		旬阳	46.07	8.51	100.01
		白河	21.18	3.11	41.56
	汉中市	汉台区	56.29	27.03	177.14
		南郑	56.21	9.71	134.46
		城固	53.40	13.17	138.29
		洋县	44.69	8.50	85.05
		西乡	42.40	9.32	65.20
		勉县	43.76	15.17	105.44
		略阳	20.20	7.91	65.87
		宁强	33.75	4.50	55.85
		镇巴	29.23	4.52	48.14
		留坝	4.37	1.59	10.07
		佛坪	3.36	0.82	5.79
	商洛市	商州区	55.39	15.41	108.34
		洛南	46.35	12.40	82.84
		丹凤	31.16	6.70	62.23
		商南	24.05	5.24	53.92
		山阳	46.62	7.00	80.78
		镇安	28.03	3.69	66.19
		柞水	16.50	3.46	60.95

续表

省行政区	地级行政区	县级行政区	总人口/万人	城镇人口/万人	国民生产总值/亿元
河南省	南阳市	西峡	45.79	14.66	190.40
		淅川	70.05	25.00	125.80*
		邓州市	175.42	58.30	307.06
		内乡县	68.15	11.55	117.7***
	三门峡市	卢氏	38.10	5.52	43.80*
	洛阳市	栾川	36.00	8.10	140.81
湖北省	十堰市	丹江口	45.96	19.25	130.74
		郧县	63.80	11.50	53.97**
		郧西	50.66	8.30	46.00***
		竹山	46.80	7.90	68.13
		竹溪	38.10	7.05	42.72***
		房县	48.40	8.59	60.20
		张湾区	35.00	8.73	360.00
		茅箭区	40.85	10.18	256.30***
	神农架林区	神农架林区	7.96	2.99	19.30
总计			1 753.77	428.80	3 979.09

注:*2010年数据;**2011年数据;***2012年数据。没有标注*的均为2013年数据。受统计数据限制,此表将规划范围涉及区县的全口径人口予以列出;由于部分区县只有一部分区域在流域范围内,因此流域实际人口总数应小于表中的总计值。

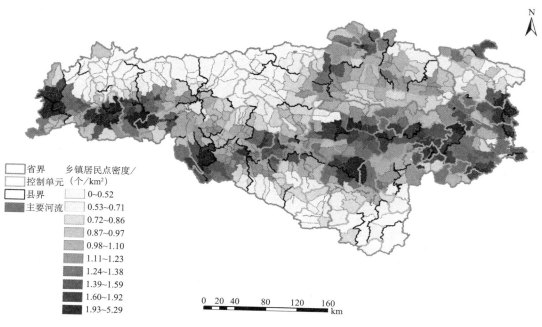

图2-2　丹江口库区及上游居民点密度现状图

　　"十二五"期间，水源区国民生产总值年均增幅 10. 17 ％，人均国民生产总值增幅 9. 7 ％，财政预算收入年均增幅 6. 65 ％。城镇居民可支配收入年均增幅 10. 44 ％，农民人均纯收入年均增幅 12. 77 ％。城乡居民收入比缩小到 2. 98 ：1。贫困人口大幅下降，由 2012 年的 380 万人减少到 257 万人，年均减贫人口规模 41 万人。城镇化率由 2012 年的 41. 3 ％提高到 49. 3 ％，增加了 8 个百分点。水源区经济社会发展呈现明显上升趋势，与全国的相对差距正逐步缩小。图 2-3 是 2000 年、2010 年、2015 年 3 个时间节点，水源区与全国平均水平在 4 个主要经济社会指标上的对比情况。

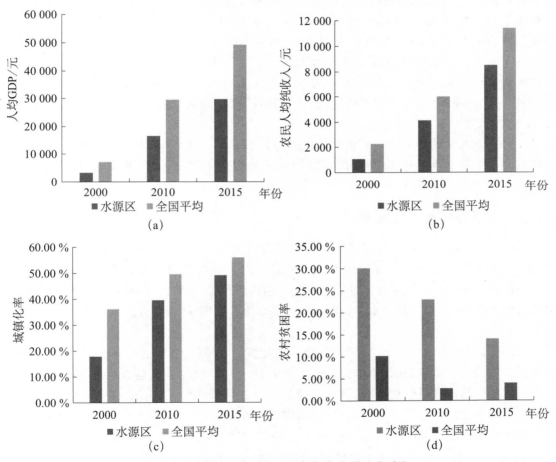

图 2-3　水源区主要经济社会指标与全国平均对比

2.2 "十二五"规划实施情况

2.2.1 水质明显改善

根据 2015 年度水质监测数据，陶岔取水口、汉江干流水质达到 II 类，主要入库支流水质符合水功能区要求，丹江口水库总氮较《"十二五"规划》实施之初有较大幅度降低，达到了规划目标要求。《"十二五"规划》确定的 49 个水质断面中，达到规划目标的有 45 个（不考虑总氮），达标率为 91.8%，达标断面较《"十二五"规划》现状年（2009 年）增加了 12 个，达标率提升了 29.9 个百分点，其中河南省增加了 6 个，湖北省、陕西省各增加 3 个；较《"十二五"规划》批复实施第一年（2012 年）增加了 4 个，达标率提升了 8.2 个百分点，其中湖北省、陕西省各增加 2 个；不达标断面为翟河东湾桥断面、泗河口断面、剑河口断面、神定河口断面，水质也大幅好转。

陶岔取水口 2015 年度总氮浓度年均值为 1.33 mg/L，较 2012 年度年均值1.62 mg/L 已有大幅下降。坝上中 2015 年度总氮浓度年均值为 1.25 mg/L，较 2012 年度年均值 1.36 mg/L 已有下降趋势。

2.2.2 项目完成总体较好

《"十二五"规划》共安排城镇污水处理设施、垃圾处理设施、工业点源污染防治、入河排污口整治、水环境监测能力建设、水土保持项目、库周生态隔离带建设、农业面源污染防治、尾矿库治理、重污染河道内源污染治理 10 类 443 个项目，项目总投资为 119.66 亿元。其中水污染防治项目 336 个，投资 94.3 亿元；水土保持项目 107 个，投资 25.4 亿元。

由于 2015 年是《"十二五"规划》收官之年，根据《"十二五"规划》实施进展情况评估结果，截至 2015 年年底，已建 399 个，在建 30 个，已建在建率 96.8%；其中，水污染防治项目已建（含试运行）292 个，在建 30 个，已建在建率 95.8%，水土保持 107 个项目全部已建，已建在建率 100%，完成水土流失治理面积 6 101.83 km²。分省来看，河南省 100 个项目已建 92 个，在建 8 个，已建在建率 100%；湖北省 156 个项目已建 155 个，在建 1 个，已建在建率 100%；陕西省 187 个项目已建 152 个，在建 21 个，已建在建率 92.5%。

2.3 "十三五"水源区保护新特点

丹江口水库是南水北调中线工程的水源地。编制实施《丹江口库区及上游水污染防治和水土保持规划》的目标自始至终都是保障"一江清水永续北上"，只是在不同时期工作侧重有所不同。与"十一五"、"十二五"相比，"十三五"时期的工作呈现新的特点，主要表现在以下三个方面。

一是由被动治理向主动防护转变。南水北调中线水源区为秦巴山连片贫困区，工程开工时水源区大部分县（市、区）没有基本的污水垃圾处理设施，因此"十一五"、"十二五"期间的规划，主要是普及环境基础设施、治理水土流失的建设性任务，国家投资补助标准较高，地方多属于为国家大局需要而"被动"实施规划的状态。近年来水源区经济社会发展明显加快，与全国平均发展水平的差距逐步缩小，自身的生态环境治理能力增强，同时中央财政对重点生态功能区转移支付的力度不断加大。"十三五"期间地方要顺应生态文明建设要求，强化绿色发展和环境治理模式的创新，水污染防治和水土保持工作从"被动型"向"主动型"转变。

二是从"点源治理"为主向"点源、面源同控"转变。"十一五"、"十二五"规划内容主要是工业污染治理、污水垃圾处理、水土保持等，使大部分河段的水质达标，面源治理措施安排极少。针对目前水源区现状总氮浓度偏高且污染主要来自农业农村面源污染的情况，"十三五"期间在继续巩固完善城镇污水垃圾设施并逐步向乡镇延伸的同时，大力推动水源区农业农村污染治理，将总氮控制纳入规划目标体系。

三是由"保障通水目标"向"保障持续供水"转变。"十一五"、"十二五"期间处于中线一期工程建设阶段。通过"十一五"、"十二五"两期《规划》的实施，南水北调中线水源区的环境基础设施基本覆盖到县级和库周重点乡镇，大幅度削减了污染排放，减少了水土流失，改善了水质，提高了水源涵养能力，保障了南水北调中线通水需要。"十三五"期间，随着工程建成并实现常态化供水，要在巩固和完善生态环境基础设施基础上，加强防范突发性环境事件对工程供水运行的影响，以南水北调中线水源区的水质水量、风险可控、经济社会可持续发展为目标，保障实现持续稳定供水。

2.4　流域水环境状况

2.4.1　水质评价方法

按照《地表水环境质量评价办法（试行）》（环办〔2011〕22号）中提出的方法进行评估。地表水水质评价指标为：《地表水环境质量标准》（GB 3838—2002）表1中除水温、总氮、粪大肠菌群以外的21项指标。

水质评价方法：首先采用单因子评价法评价单个断面水质，然后根据评价河流、流域（水系）中各水质类别的断面数占河流、流域（水系）所有评价断面总数的百分比来评价其总体水质状况（表2-3）。

表 2-3　河流、流域（水系）水质定性评价分级

水质类别比例	水质状况	表征颜色
Ⅰ～Ⅲ类水质比例≥90%	优	蓝色
75%≤Ⅰ～Ⅲ类水质比例<90%	良好	绿色
Ⅰ～Ⅲ类水质比例<75%，且劣Ⅴ类比例<20%	轻度污染	黄色
Ⅰ～Ⅲ类水质比例<75%，且20%≤劣Ⅴ类比例<40%	中度污染	橙色
Ⅰ～Ⅲ类水质比例<60%，且劣Ⅴ类比例≥40%	重度污染	红色

流域或区域主要污染指标的确定方法：将水质超过Ⅲ类标准的指标按其断面超标率大小排列，一般取断面超标率最大的前三项为主要污染指标。对于断面数少于5个的河流、流域（水系），逐一确定每个断面的主要污染指标，即将水质超过Ⅲ类标准的指标按其超标倍数大小排列，取超标倍数最大的前三项为主要污染指标。

$$断面超标率 = \frac{某评价指标超过Ⅲ类标准的断面（点数）个数}{断面（点位）总数} \times 100\%$$

湖泊、水库营养状态评价方法：选取叶绿素 a（chla）、总磷（TP）、总氮（TN）、透明度（SD）和高锰酸盐指数（COD_{Mn}）5 项指标，计算综合营养状态指数，对湖泊、水库营养状态进行分级。

2.4.2　水质常规分析

2.4.2.1　断面布设情况

根据数据可得性，本研究利用"十二五"规划确定的49个断面（点位）水质监测数据分析流域水质状况。49个断面（点位）中，坝上中属于湖库点位，其他48个断面均属于河流断面；按省份分，河南省12个，湖北省20个，陕西省17个。流域内各省份断面（点位）情况如表2-4和图2-4所示。

表 2-4　流域断面（点位）基本情况

序号	省份	控制断面	水质目标	责任单位	所在市
1	河南	陶岔	Ⅱ	淅川	南阳市
2		张营	Ⅲ	淅川	
3		西峡水文站	Ⅲ	西峡	
4		许营	Ⅲ	西峡	
5		封湾	Ⅱ	西峡	
6		东台子	Ⅱ	西峡	
7		杨河	Ⅱ	西峡	
8		三道河	Ⅲ	卢氏	三门峡市
9		高湾	Ⅱ	淅川	南阳市
10		淇河大桥	Ⅱ	西峡	
11		上河	Ⅱ	卢氏	三门峡市
12		史家湾	Ⅲ	淅川	南阳市

序号	省份	控制断面	水质目标	责任单位	所在市
13	湖北	坝上中	Ⅱ	丹江口	十堰市
14		神定河口	Ⅲ	张湾	
15		泗河口	Ⅳ	茅箭	
16		剑河口	Ⅲ	丹江口	
17		东湾桥	Ⅲ	张湾	
18		焦家院	Ⅱ	张湾	
19		孙家湾	Ⅱ	丹江口	
20		浪河口	Ⅱ	丹江口	
21		青曲	Ⅱ	郧县	
22		淘谷河口	Ⅱ	郧县	
23		东河口	Ⅱ	郧县	
24		王河电站	Ⅱ	郧县	
25		陈家坡	Ⅱ	郧西	十堰市
26		天河口	Ⅲ	郧西	
27		黄龙滩水库	Ⅱ	张湾	
28		潘口水库坝上	Ⅱ	竹山	
29		洛阳河九湖断面	Ⅱ	神农架	神农架林区
30		新洲	Ⅱ	竹溪	十堰市
31		羊尾	Ⅱ	郧西	十堰市
32		夹河	Ⅱ	郧西	十堰市
33	陕西	玉皇滩	Ⅱ	山阳	商洛市
34		荆紫关	Ⅱ	商南	
35		滔河水库（省界控制断面）	Ⅱ	陕西省	
36		水石门	Ⅱ	山阳	商洛市
37		丹凤下	Ⅱ	丹凤	
38		张村	Ⅱ	商州	
39		构峪桥	Ⅲ	商州	
40		白河（省界控制断面）	Ⅱ	陕西省	
41		旬河口	Ⅲ	旬阳	安康市
42		坝河口	Ⅲ	平利	
43		安康	Ⅱ	汉滨	
44		月河	Ⅲ	汉阴	
45		界牌沟	Ⅱ	镇坪	安康市
46		紫阳洞河口	Ⅱ	紫阳	
47		石泉	Ⅱ	石泉	
48		南柳渡	Ⅲ	汉台	汉中市
49		梁西渡	Ⅲ	勉县	

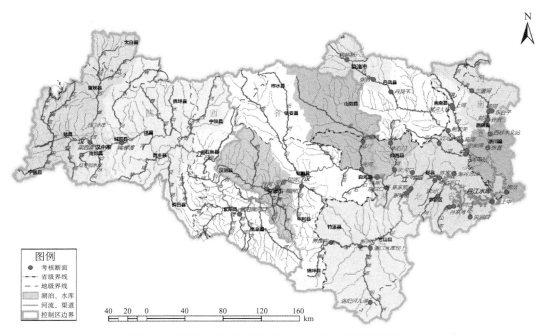

图2-4　丹江口库区及上游"十二五"规划断面分布图

2.4.2.2　水质现状

2015 年，规划区域总体水质为优。49 个断面（点位）中，Ⅰ类水质断面 3 个，占 6.1%；Ⅱ类水质断面 39 个，占 79.6%；Ⅲ类水质断面 3 个，占 6.1%；Ⅳ类水质断面 1 个，占 2.1%；劣Ⅴ类水质断面 3 个，占 6.1%，如图 2-5 所示。水质劣于Ⅲ类的断面主要分布在十堰市神定河、泗河、犟河、剑河，主要污染指标为氨氮、总磷、化学需氧量（COD）和石油类。将水质断面控制的汇水范围用该断面水质类别表征，可以直观地看出丹江口库区及上游流域水质空间分布状况，如图 2-6 所示。

2.4.2.3　水质变化情况

"十二五"期间，丹江口库区及上游水质总体呈好转趋势。2015 年比 2009 年Ⅰ～Ⅲ类断面比例增加了 6.1%，劣Ⅴ类断面比例减少了 3.4%，如图 2-7 所示。

从流域主要污染物质量浓度趋势分析，2012—2015 年，高锰酸盐指数、总磷、氨氮质量浓度变化保持平稳，化学需氧量、总氮质量浓度呈上升趋势。具体如图 2-8、图 2-9 所示。

2.4.2.4　库体营养状态变化情况

2009—2015 年，丹江口库区营养状态指数总体呈下降趋势，各年均保持中营养状态。具体如图 2-10 所示。

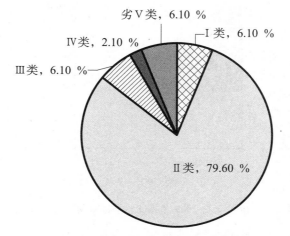

图 2-5　2015 年丹江口库区及上游水环境质量现状评价

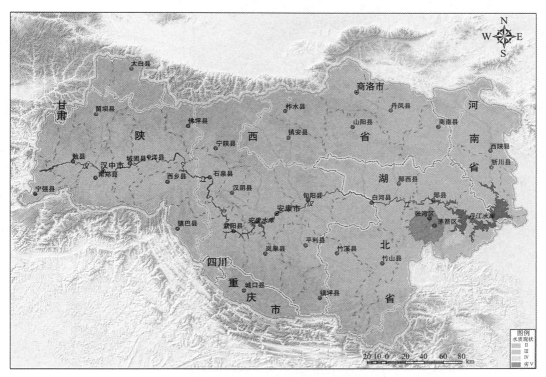

图 2-6　2015 年丹江口库区及上游流域水环境现状空间分布图

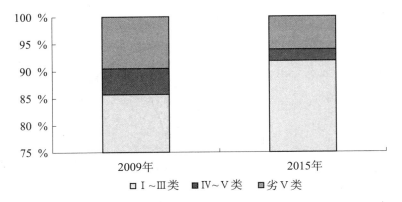

图 2-7　2015 年与 2009 年相比水质断面类别比例变化情况

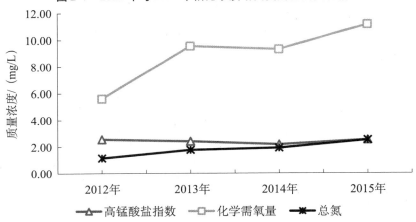

图 2-8　2012—2015 年全流域主要污染物质量浓度变化趋势（1）

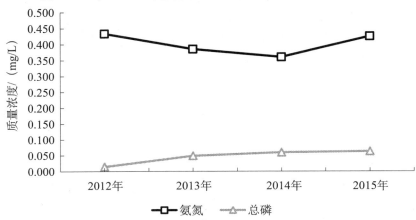

图 2-9　2012—2015 年全流域主要污染物质量浓度变化趋势（2）

图 2-10   丹江口库区营养状态指数变化趋势

2.4.3   氮、磷指标变化分析

在总量控制制度的约束和推动下，近年来，我国 COD 和氨氮等主要水污染物排放总量呈大幅下降的趋势，环境质量改善成效较显著。但我国水环境质量的现状仍不容乐观，总氮和总磷已成为影响我国地表水以及近岸海域水质的重要污染因子。

长期以来，丹江口水库水质总体良好，保持地表水 Ⅱ 类标准，但总氮污染依然突出。众所周知，饮用水卫生标准，世界卫生组织不限制总氮指标，因此南水北调中线丹江口库区及上游流域水质评价中也不包括总氮。而作为水源地的丹江口水库，水体总氮浓度过高导致营养盐含量增加，便会引起水源地富营养化风险问题。为控制富营养化进程，需要限制总氮指标。并且，磷是藻类生长重要的限制因素，当水体中磷浓度一旦过高，引起藻类的过度繁殖，也会引起水体富营养化。因此，在水质指标分析中，特别增加了总氮和总磷指标浓度变化分析。

《地表水环境质量标准》（GB 3838—2002）对水体总氮、总磷浓度有明确的规定。总磷标准分为湖、库标准和河流标准，其中湖库标准要严于河流标准。具体见表 2-5。

表 2-5   地表水环境质量中总氮、总磷标准限值   单位：mg/L

指标	Ⅰ类	Ⅱ类	Ⅲ类	Ⅳ类	Ⅴ类
总氮（湖、库以 N 计），≤	0.2	0.5	1.0	1.5	2.0
总磷（以 P 计）， ≤	0.02（湖、库0.01）	0.1（湖、库0.025）	0.2（湖、库0.05）	0.3（湖、库0.1）	0.4（湖、库0.2）

以上述标准限值为依据，选取陕西省汉江出境羊尾断面、丹江出口荆紫关断面、湖库坝上中点位以及取水口陶岔断面 4 个典型水质监测断面（单位）分析库区总氮、总磷浓度变化状况。其中，坝上中、陶岔、羊尾断面采用 2006—2015 年均值，荆紫关断面监测数据为 2012—2015 年均值。

2.4.3.1 总氮

根据丹江口水库水质监测数据，2006—2015 年，全流域总氮质量浓度年均值保持在 1.1～2.7 mg/L，其中，2015 年全流域总氮质量浓度年均值达到 2.70 mg/L，对应水质类别为劣 V 类。可见，总氮已经成为限制丹江口水库水环境质量的主要污染指标。

2015 年，陶岔取水口总氮质量浓度年均值为 1.33 mg/L，丹江口水库坝上中为 1.25 mg/L。入库河流总氮质量浓度普遍较高，最小 1.31 mg/L，最高达 12.64 mg/L。将水质断面控制的汇水范围用该断面总氮质量浓度类别表征，可以直观地看出丹江口库区及上游流域总氮质量浓度空间分布状况，如图 2-11 所示。

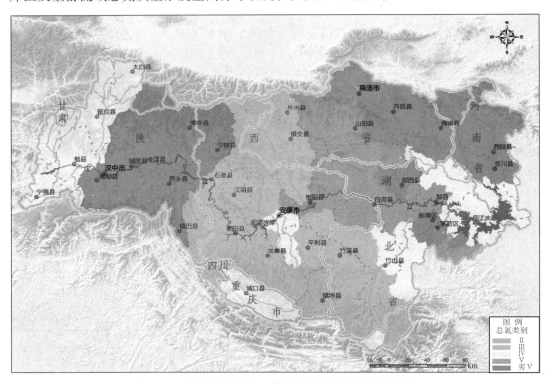

图 2-11 丹江口库区及上游流域总氮质量浓度分布图

（1）坝上中断面

坝上中断面总氮质量浓度自 2011 年达到峰值 1.41 mg/L 后，2012—2015 年虽然逐年有所下降，但总体仍保持在较高水平（图 2-12）。

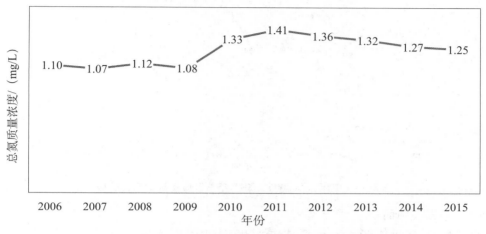

图 2-12　坝上中断面 2006—2015 年总氮质量浓度变化趋势

（2）陶岔断面

取水口陶岔断面近 10 年来质量浓度总体呈上升趋势，2015 年比 2006 年上升了114.5 %。2012—2015 年，总氮质量浓度虽然有所下降，但总体仍保持较高水平（图 2-13）。

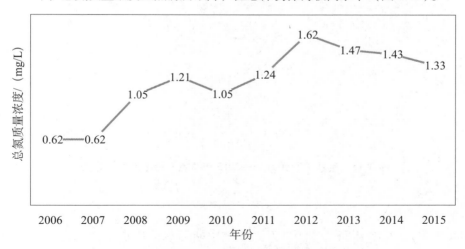

图 2-13　陶岔断面 2006—2015 年总氮质量浓度变化趋势

（3）羊尾断面

陕西省汉江出境羊尾断面，总氮质量浓度近 10 年来总体呈上升趋势。2015 年比

2006 年总体上升 60.8 %（图 2-14）。

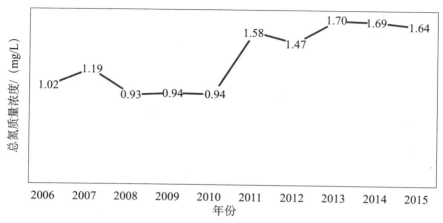

图 2-14　羊尾断面 2006—2015 年总氮质量浓度变化趋势

（4）荆紫关断面

丹江出口荆紫关断面，总氮质量浓度近年来总体呈上升趋势。2015 年达到 4.94 mg/L，比 2012 年质量浓度上升 59.35 %（图 2-15）。

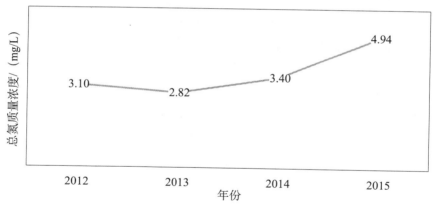

图 2-15　荆紫关断面 2012—2015 年总氮质量浓度变化趋势

2.4.3.2　总磷

（1）坝上中断面

2006—2015 年 10 年间，丹江口库区坝上中断面总磷质量浓度呈先上升后下降趋势。其中，2010—2015 年总磷质量浓度比 2006—2010 年整体有所偏高，在 2010 年达到最大值 0.020 mg/L（图 2-16）。但各年份总磷均保持湖库 Ⅱ 类标准（湖、库总磷 Ⅱ 类标准：总磷质量浓度 ≤0.025 mg/L）。

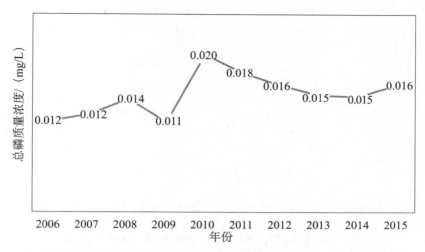

注：图中两处 0.012 进行了四舍五入，实际并不相等。

图 2-16　坝上中断面 2006—2015 年总磷质量浓度变化趋势

（2）陶岔

取水口陶岔断面总磷质量浓度整体呈波动状态，在 2009 年质量浓度达到最大值 0.025 mg/L（图 2-17）。2012—2015 年总磷质量浓度总体有上升趋势。

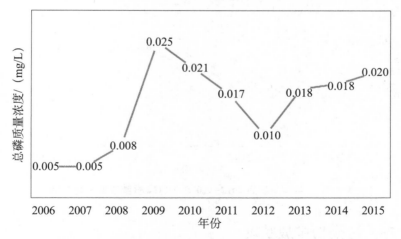

注：图中两处 0.018 进行了四舍五入，实际并不相等。

图 2-17　陶岔断面 2006—2015 年总磷质量浓度变化趋势

（3）羊尾断面

羊尾断面总磷质量浓度近 10 年来总体呈先上升后下降趋势，在 2011 年达到峰值 0.108 mg/L（图 2-18）。除 2011 年外，其余年份均保持在地表水 Ⅱ 类标准。

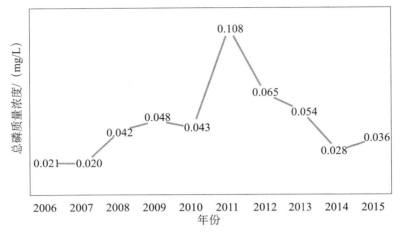

图 2-18 羊尾断面 2006—2015 年总磷质量浓度变化趋势

（4）荆紫关断面

荆紫关断面总磷质量浓度呈波动变化，但总体保持在地表水Ⅱ类标准（图 2-19）。

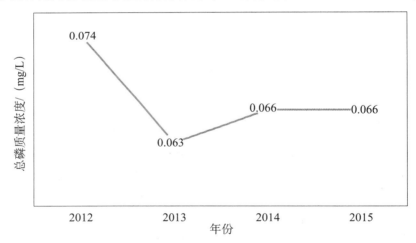

图 2-19 荆紫关断面 2012—2015 年总磷质量浓度变化趋势

2.5 主要污染物排放状况

2.5.1 污染物排放状况

根据收集到的环境统计数据，2015 年，规划区域主要污染物排放量化学需氧量约 17 万 t、氨氮约 2.23 万 t、总氮约 5.96 万 t（图 2-20），其中农业污染的贡献比例分别为 49 %、43 %、74 %，已成为水源区主要污染源。

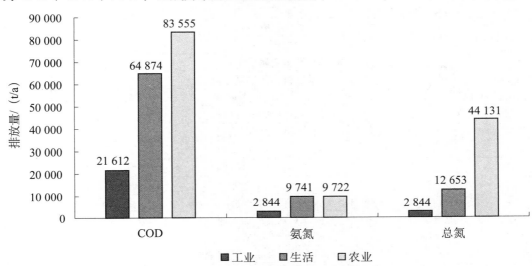

图 2-20　丹江口库区及上游主要污染物排放量（2015 年）

2.5.2　工业点源污染物排放分析

2.5.2.1　主要排放行业

2015 年，规划区域主要排污工业行业为医药制造业，农副食品加工业，汽车制造业，化学原料和化学制品制造业，有色金属矿采选业，造纸和纸制品业以及酒、饮料和精制茶制造业 7 个行业，占规划区域工业废水排放总量、工业 COD 排放总量、工业氨氮排放总量的约 80 %。主要污染物排污行业由大到小具体情况见表 2-6。

表 2-6　丹江口库区及上游重点排污行业表

污染指标名称	主要行业	所占比例
工业废水	有色金属矿采选业	30.1 %
	造纸和纸制品业	11.5 %
	化学原料和化学制品制造业	11.1 %
	黑色金属矿采选业	7.5 %
	汽车制造业	7.5 %
	医药制造业	6.7 %
	农副食品加工业	5.1 %
	小计	79.4 %

污染指标名称	主要行业	所占比例
工业COD	医药制造业	33.8%
	农副食品加工业	11.0%
	有色金属矿采选业	10.4%
	化学原料和化学制品制造业	9.8%
	汽车制造业	7.4%
	造纸和纸制品业	6.1%
	酒、饮料和精制茶制造业	5.5%
	小计	84.0%
工业氨氮	有色金属矿采选业	36.7%
	医药制造业	22.2%
	化学原料和化学制品制造业	18.8%
	农副食品加工业	7.1%
	汽车制造业	5.4%
	酒、饮料和精制茶制造业	1.9%
	小计	92.1%

2.5.2.2 重点地区排污分析

2015年，规划区49个县级以上行政区中，1个区县废水排放量在1 000万t以上，占规划区废水排放量的12.4%；23个区县废水排放量在100万～1 000万t，占规划区废水排放量的77.2%；5个区县COD排放量在1 000 t以上，占规划区废水排放量的45.6%，其中，张湾区、城固县、汉滨区排放量在2 000 t以上；1个区县氨氮排放量在500 t以上，占规划区COD排放量的17.2%，7个区县氨氮排放量在100～500 t，占规划区氨氮排放量的50.9%。具体情况见表2-7。

表2-7 丹江口库区及上游重点地区污染物排放量统计表

排污指标	排放量	主要排放县区	所占比例
废水	100万t以上	栾川县、张湾区、洛南县、邓州市、山阳县、洋县、内乡县、城固县、西乡县、商州区、柞水县、略阳县、丹凤县、汉台区、卢氏县、镇安县、淅川县、丹江口市、西峡县、南郑县、勉县、郧县、茅箭区、竹溪县24个区县	89.6%
COD	1 000 t以上	张湾区、城固县、汉滨区、山阳县、竹溪县5个区县	45.6%
氨氮	100 t以上	商南县、城固县、山阳县、丹凤县、洋县、汉滨区、勉县、张湾区8个区县	68.1%

2.6　水土保持状况

根据 2011 年全国第一次水利普查资料，并利用丹江口库区及上游水土保持"十二五"治理成果资料校核到 2015 年，规划区水土流失面积 2.19 万 km²，占土地面积的 22.95 %；按流失强度划分，轻度流失面积 16 631.74 km²，中度流失面积 2 044.18 km²，强烈流失面积 1 892.61 km²，极强烈流失面积 924.2 km²，剧烈流失面积 367.92 km²。平均年土壤侵蚀量 0.69 亿 t，平均侵蚀模数为 3 177t/（km²·a）。

按行政区统计，流域范围内陕西省水土流失面积 14 847.08 km²、湖北省水土流失面积 4 453.21 km²、河南省水土流失面积 1 748.93 km²、甘肃省水土流失面积 35.87 km²、四川省水土流失面积 206.88 km²、重庆市水土流失面积 568.68 km²。

"十二五"期间完成水土流失治理面积逾 6 295 km²，加上"十一五"期间治理水土流失 1.44 万 km²，累计治理面积已超过 2 万 km²。水土保持项目年均减少土壤侵蚀量 0.7 亿 t，年均增加调蓄水量 6 亿 m³。图 2-21、图 2-22 对比了 2009 年与 2015 年流域水土流失情况。总体来看，水土流失治理工作取得了明显成效。

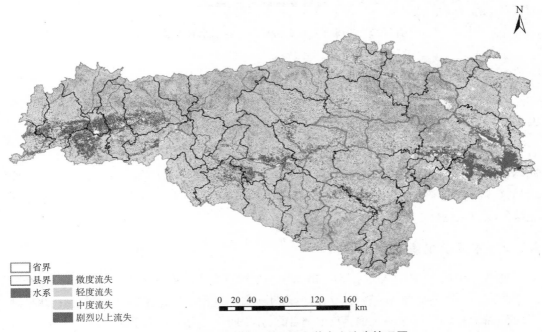

图 2-21　2009 年丹江口库区及上游水土流失情况图

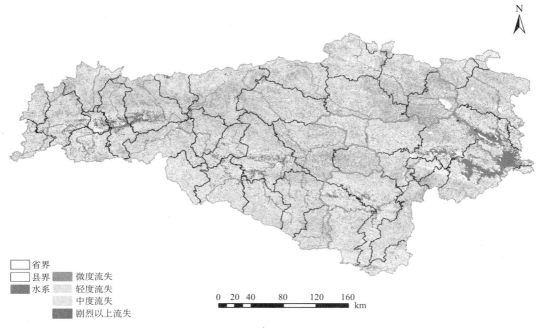

省界
县界   微度流失
水系   轻度流失
               中度流失
               剧烈以上流失

0 20 40   80   120   160
                          km

图 2-22   2015 年丹江口库区及上游水土流失现状图

2.7   水环境问题识别

2.7.1   部分河段水质尚未达标或水质不稳定

"十二五"规划确定的 49 个考核断面中，仍有 4 个水质不达标且水质较差，3 个水质不稳定（部分时段达标、部分时段不达标），2 个断面存在水质反弹的隐患。主要原因是这些河流流经排污量集中的城区，径流量小、纳污量大，常规治理措施不能保证这些河段稳定达标。

2.7.2   水源区总氮浓度偏高

汉江、丹江占丹江口入库水量的 70%，总氮浓度高于水库；其他支流总氮浓度更高。水库局部区域出现藻类异常繁殖，存在富营养化风险。主要原因是相当数量的城镇污水处理厂缺乏除磷脱氮工艺、农业面源污染治理目前仍仅限于试点示范而未全面铺开。

2.7.3   已有治污设施尚未充分发挥治污效益

已建污水处理设施配套管网普遍不够完善；垃圾和污泥处理普遍采取填埋处理方

式，无害化处置不够彻底，存在二次污染和安全风险；部分环境基础设施管理和运营水平及效率低下，维护费用难以有效保障；乡镇污水处理设施覆盖面小，处理能力不足。

2.7.4　水源涵养能力有待进一步提高

水源区仍有 2.19 万 km² 的水土流失面积，其中轻度流失面积 1.66 万 km²，中度流失面积 2 044 km²，强烈流失面积 1 893 km²，极强烈流失面积 924 km²，剧烈流失面积 368 km²，平均年土壤侵蚀量 0.69 亿 t，平均侵蚀模数为 3 177t∕（km²·a）。随着城镇化发展，城镇面积扩大主要占用了 15°以下的平坦耕地，15°以上的坡耕地面积仍有 3 500 km²，占总耕地面积的 34.8 %，同时部分区域石漠化严重，难以涵养水源。

2.7.5　保障南水北调中线供水的风险管控体系还较薄弱

随着水源区经济社会发展，突发水污染事件的风险逐步增大。在流动风险方面，随着汉江、丹江沿线公路及航道运输的发展，水陆交通危险化学品水污染突发性事故风险增加；在固定风险源方面，水源区矿产富集，历史上形成的大量尾矿库的安全隐患尚未消除，同时部分垃圾填埋场难以防范暴雨山洪，成为潜在风险源。丹江口水库消落区存在违规农业生产施用化肥、农药等问题，威胁水库水质。在监测和应急处置能力方面，能力较弱且未形成部门信息共享和联动机制。

2.8　水环境压力分析

一是南水北调中线通水后，水源保障要求超出预期。南水北调中线一期工程通水以来，已向北方调水超过 50 亿 m³，惠及沿线群众 4 000 万余人。特别是北京、天津两市的城区供水 70 % 以上为南水北调中线调来的水，超出了国务院批复的《南水北调工程总体规划》确定的作为两市补充水源的预期，实际上成为京、津两市主要水源，对水质水量保障提出了更高的要求。随着"十三五"期间中线沿线河北、河南两省配套工程建成投产，供水涉及人口逐步接近 1 亿人，成为世界上供水人口最多的水源地，水质水量保障要求还将大幅提高。

二是中线水源保护压力进一步加大。随着生态文明建设纳入国家"五位一体"总体布局、《环境保护法》修订以及《水污染防治行动计划》《生态文明体制改革总体方案》《南水北调工程供用水管理条例》等出台，对水源区提出了更严格的保护要求。而水源区人口相对密集，经济总体欠发达，发展愿望强烈，保护和发展的矛盾进一步凸显。

三是南水北调中线水源保护的社会关注度越来越高。随着中线通水，水质安全、水量保证成为社会各界普遍关心的问题；随着调水量持续增加，中线最终受益人口逐年增长，对南水北调水源的关注度持续升高。

第 3 章　流域水环境分区管理体系研究

3.1　分区管理思想

流域分区、分级、分类管理，是指为逐级细化落实水污染防治目标任务、突出重点、因地施策，按一定的原则将流域划分为若干单元，视水环境问题的轻重缓急筛选一批优先单元，并根据水环境问题类型而实施差异化防治策略的管理模式。

分区管理是国外流域治理优秀经验的凝练，同时也是我国国家及各流域机构普遍认可并逐步推行的流域管理模式。淮河流域"九五"水污染防治规划首先提出了规划区、控制区、控制单元三级分区管理概念，建立了以控制单元为最小单元的流域分区管理雏形；《南水北调东线工程治污规划》《三峡库区及其上游水污染防治规划》《丹江口库区及上游水污染防治和水土保持规划》等先后引入流域分区治理模式，取得了资金优化配置、政策示范推进、工程分步实施的良好成效。

《重点流域水污染防治规划（2011—2015 年)》（国函〔2012〕32 号）构建了流域、控制区、控制单元三级水环境分区体系，共划分 37 个控制区、315 个控制单元，确定 118 个优先控制单元和 197 个一般控制单元，优先控制单元按照水质维护型（18 个）、水质改善型（79 个）和风险防范型（21 个）3 种类型分类推进。根据《重点流域水污染防治专项规划实施情况考核暂行办法》（国办发〔2009〕38 号）、《重点流域水污染防治专项规划实施情况考核指标解释》（环办函〔2012〕1202 号），环境保护部会同国务院有关部门对每年度规划实施情况进行考核，按控制单元对规划实施不力区域进行限批，有效推动了重点流域水污染防治工作，提升了流域精细化管理水平。

3.2　分区方法

3.2.1　技术路线

控制单元划分包括四个基本步骤，即水系概化、控制断面选取、陆域范围确定以及控制单元命名。划分技术流程见图 3-1。

3.2.1.1　水系概化

河网的自然分布和水系构成是控制单元划分的基础，水系概化是控制单元划分的

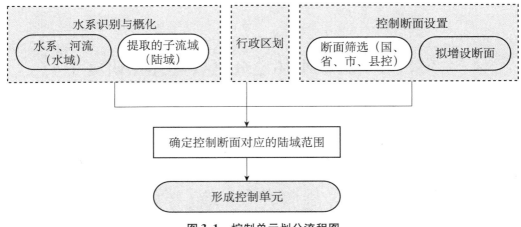

图 3-1　控制单元划分流程图

一个重要准备工作。

（1）基础数据收集

尽可能收集大比例尺（矢量数据）或者高分辨率（栅格数据）的原始数据。矢量数据比例尺至少应达到 1∶250 000 或更高精度；栅格数据分辨率至少达到 90 m 或更高精度。

（2）DEM 数据采集与预处理

数字高程模型（DEM）包括平面位置和高程数据两种信息，可以通过 GPS、激光测距仪等测量获取，也可以间接从航空或遥感影像和已有地图上获取。在条件许可的前提下，应尽量采用分辨率更大、精度更高的 DEM 数据。若没有大分辨率和高精度 DEM 数据，也可以从网络上获取 SRTM（航天飞机雷达地形测量任务）DEM 数据（如在中国科学院国际科学数据服务平台 http：//datamirror. csdb. cn/admin/datademMain. jsp 可以下载到我国任意一个地理区域的分辨率为 90 m 或更高精度的 DEM 数据）。若采集的 DEM 栅格数据中有洼地和尖峰，可以采用 Arc Hydro 水文模块的相关命令进行预处理，避免出现逆流的现象，得到无凹陷的栅格地形数据。

（3）DEM 提取河网

应用 ArcGIS 中 Arc Hydro 水文模块的相关命令生成河流网络。首先按照"地表径流在流域空间内从地势高处向地势低处流动，最后经流域的水流出口排出流域"的原理，确定水流方向。根据"流域中地势较高的区域可能为流域的分水岭"等原则，确定集水区汇水范围。根据河流排水去向，从汇流栅格中提取河网，并将河网栅格转换为矢量化的河网或水系图层（Shape 格式）。

（4）水系概化

包括检查河流的相互连接状况、检查河流流向、依据河流等级完成水系概化等。此外，对于环境管理部门关注的重要河段（如流域干流、重点支流（至少到 5 级河流）、重点湖泊、城市水体、重污染支流或小流域等），应在水系概化后予以重点检查和补充。

（5）汇水范围提取

配好基础地图和完成水系概化后，提取水系对应的陆域汇水范围。

① 首先将 DEM 数据、航片和卫星影像与已配好的基础地图叠加。

② 按照"每个子流域只能有一条主干河流（一条流径），且子流域内所有河流的水流方向都应该指向主干河流（指向流径）"的原则，参照水资源分区的情况，大致构建出陆域汇水范围。

③ 参考 DEM 数据、航片和卫星影像信息，重点参考高程值较大的区域（如山脉等可作为分水岭），通过手工编辑方式，形成实际的矢量图层（面状图层），形成各子流域范围。

3.2.1.2　控制断面选取

控制断面选取包括初选、优化两个步骤。

（1）控制断面初选

针对水域敏感性，在干流沿线各城市下游河段、主要支流汇入干流前的河段，跨界（国界、省界、市界）水体，重要功能水体，河流源头区，湖（库）主要泄水口，城市建成区下游，入海河流（入海口）处均考虑设置控制断面，并从已有的国控、省控、市控、县控监测断面中选取，部分水体需增设监测断面。

（2）控制断面优化

① 当根据不同原则选取的控制断面临近时，需判断各断面的水质代表性、敏感性和重要性，最终保留一个控制断面。

② 控制断面根据环保需求合理设置，如重污染区域可加密设置，人类活动少、水质较好区域可减少控制断面个数。

③ 对于区域未设置监测断面的情况，除考虑增设断面外，也可观察上游断面与增设断面之间的区域是否有影响水质的重大污染源。若没有，也可用上游断面替代。

3.2.1.3　陆域范围确定

结合子流域划分结果，以控制断面为节点，以维持行政边界完整性为约束条件，组合同一汇水范围的行政区形成控制单元陆域范围（图 3-2）。

（1）若行政区存在多个汇水去向，则需结合行政中心位置判断其主导去向，将其完整地划至某一个控制单元。

（2）对于受人为干扰较大、涉及截污导流的行政区，应根据实际的排水去向确定所属单元。

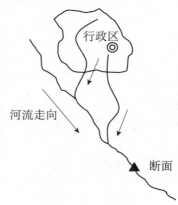

图 3-2　控制单元陆域
范围确定示意图

（3）对于排海的行政区，若其在空间上连片，则可划为一个控制单元；若其在空间上被分水岭或其他河流划成两片或两片以上，则划为多个控制单元。

（4）对于内流区的行政区，结合水环境特征及环保需求，将其划分为一个或多个控制单元。

（5）对于水系复杂、湖泊众多、河道水流方向复杂多变且人为干扰较大的湖泊河网区域（如太湖流域），可在维护自然水系基础上，以县级行政区划分控制单元。

3.2.1.4　控制单元命名

控制单元以"水＋陆"的方式进行命名，即采用主要的水体或河段＋区县的形式，如××河××县控制单元。

对于完整的河流或湖体控制单元，可直接以河流或湖体名称命名控制单元，如××河（湖）控制单元。

3.2.2　资料收集

控制单元划分所需的数据与软件包括以下内容。

文字数据：断面（点位）水质数据、排污口（含企业）数据、水（环境）功能区划数据等。

图形数据：地形、遥感、水系、行政区划、水资源分区、水质监测（含自动监测站）断面（点位）、排污口、水（环境）功能区等（表3-1）。

图形处理软件：ArcGIS、MapInfo等GIS软件。

表3-1　图形数据基本要求表

类别		信息要素	信息内容
水系	河流、渠道	线状、面状	河流代码、河流名称、河流等级、河流长度等
	湖泊、近海海域	面状	湖泊代码、湖泊名称、湖泊面积、近海海域代码、名称、面积等
行政区划边界（省、地市、区县、乡镇）		面状	行政区划代码、名称、面积等
各级行政中心（省、地市、区县、乡镇）		点状	行政区划代码、名称、经度、纬度等
水资源分区		面状	Ⅰ级、Ⅱ级、Ⅲ级分区名称、代码、面积等
各级水质监测断面（国控、省控、市控、县控）		点状	所属流域片、省份、测站名称、测站代码、所在河流（湖泊）名称、河流（湖泊）代码、断面名称、断面代码、断面所在地（乡镇）、经度、纬度、汇入水体、断面属性、断面控制级、是否为跨界断面、跨界标识，水质监测数据等
DEM		栅格	数据精度及有效性检验

类别	信息要素	信息内容
地形图	栅格	扫描并纠正
遥感影像	栅格	数据精度
排污口	点状	排污口名称、类别、经度、纬度、排水去向等
水（环境）功能区	线状	水（环境）功能区名称、起始点坐标、终止点坐标、功能区长度、目标等

3.3　分区结果

3.3.1　规划分区

整个水源区划分为"水源地安全保障区、水质影响控制区、水源涵养生态建设区"，如图 3-3 所示。

（1）水源地安全保障区

距离水库库区最近，包含南水北调中线丹江口水库饮用水水源保护区，水质保护要求最严格，同时入库河流集中，不达标和不稳定达标河段密集，坡耕地比例高，水土流失和面源污染直接入库影响水质，是保护水质安全的核心区域。

（2）水质影响控制区

位于湖北黄龙潭水库以上堵河流域、汉江陕西白河县以上安康水库以下的汉江流域。水质相对较好，区域从上游到下游，水质总体恶化，总氮由 0.4 mg/L 升高到白河断面 1.5 mg/L，水土流失造成泥沙和农村面源污染物，且在较短时间内就能随径流进入丹江口水库库区，是削减河流总氮的关键治理区。

（3）水源涵养生态建设区

汉江安康水库以上流域，除城区和重点乡镇必要的环境基础设施外，以水源涵养和生态建设为主。

3.3.2　控制断面筛选

3.3.2.1　总体考虑

科学评估、严格考核、厘清责任的客观需要。规划断面的设置要客观反映流域水质状况，能够根据水质超标情况追踪溯源找到原因和责任主体。在满足这一需求的基础上，断面尽可能最少，以便节约成本。

与相关规范性文件衔接。《水十条》目标责任书明确的考核断面全部纳入，以满足国家水环境管理的要求；"十二五"规划中的断面尽量保留，以保持工作的延续性；与各级水功能区划衔接，以满足不同角度的管理需求。

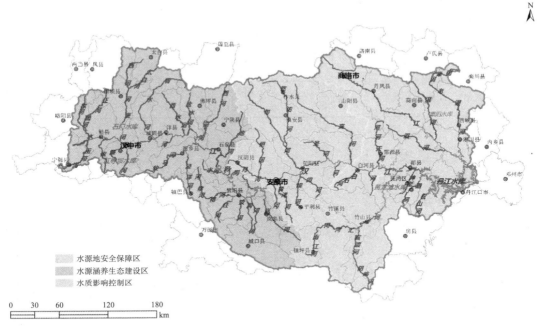

图3-3　丹江口库区及上游"十三五"规划分区图

充分利用已有成果。充分利用现有监测断面,以获得长序列监测数据,更为准确地把握断面水质变化趋势;参考长江水资源保护科学研究所等单位研究成果,综合考虑各方建议,增强断面设置的科学性。

3.3.2.2　设置结果

丹江口库区及上游"十三五"规划共设置49个规划断面(表3-2),但是按照44个断面进行考核;其中,湖库型点位丹江口水库宋岗、陶岔,丹江口水库坝上中、何家湾、江北大桥、五龙泉,黄龙滩水库黄龙1、黄龙2,分别取平均值后作为1个点位进行考核;汉江源头控制单元设置梁西渡、烈金坝2个考核断面。

以考核断面计,河南省7个,湖北省16个,陕西省20个,重庆市1个。

表3-2　丹江口库区及上游"十三五"规划断面表

序号	新断面名称	责任省份	备注	是否《水十条》考核断面
1	三道河	河南省	"十二五"规划考核断面	是
2	上河	河南省	"十二五"规划考核断面	是
3	高湾	河南省	"十二五"规划考核断面	是
4	史家湾	河南省	"十二五"规划考核断面	是
5	西峡水文站	河南省	"十二五"规划考核断面	否

续表

序号	新断面名称	责任省份	备注	是否《水十条》考核断面
6	张营	河南省	"十二五"规划考核断面	是
7	陶岔	河南省	"十二五"规划考核断面；新增宋岗，与陶岔求平均值后考核	是
8	夹河	湖北省	"十二五"规划考核断面	是
9	新洲	湖北省	"十二五"规划考核断面	否
10	洛阳河九湖	湖北省	"十二五"规划考核断面	否
11	潘口水库坝上	湖北省	"十二五"规划考核断面	是
12	黄龙滩水库	湖北省	"十二五"规划考核断面；新增黄龙1，与黄龙2求平均值后考核	是
13	东湾桥	湖北省	"十二五"规划考核断面	是
14	焦家院	湖北省	"十二五"规划考核断面	是
15	天河口	湖北省	"十二五"规划考核断面	是
16	神定河口	湖北省	"十二五"规划考核断面	是
17	陈家坡	湖北省	"十二五"规划考核断面	是
18	泗河口	湖北省	"十二五"规划考核断面	是
19	孙家湾	湖北省	"十二五"规划考核断面	是
20	剑河口	湖北省	"十二五"规划考核断面	是
21	浪河口	湖北省	"十二五"规划考核断面	是
22	坝上中	湖北省	"十二五"规划考核断面；新增何家湾、江北大桥、五龙泉，与坝上中求平均值后考核	是
23	王河电站	湖北省	"十二五"规划考核断面	是
24	梁西渡	陕西省	"十二五"规划考核断面	是
25	烈金坝	陕西省	新增、《水十条》考核	是
26	石门水库	陕西省	新增、《水十条》考核	是
27	南柳渡	陕西省	"十二五"规划考核断面	是
28	黄金峡	陕西省	新增、国控、《水十条》考核	是
29	小钢桥	陕西省	替换石泉、《水十条》考核	是
30	瀛湖坝前	陕西省	删除紫阳洞河口、《水十条》考核	是
31	月河	陕西省	"十二五"规划考核断面	否
32	老君关	陕西省	替换安康、国控、《水十条》考核	是
33	旬河口	陕西省	"十二五"规划考核断面	否
34	坝河口	陕西省	"十二五"规划考核断面	否
35	羊尾	陕西省	"十二五"规划考核断面	是
36	界牌沟	陕西省	"十二五"规划考核断面	是
37	玉皇滩	陕西省	"十二五"规划考核断面	是
38	构峪口	陕西省	"十二五"规划考核断面	是

续表

序号	新断面名称	责任省份	备注	是否《水十条》考核断面
39	张村	陕西省	"十二五"规划考核断面	否
40	丹凤下	陕西省	"十二五"规划考核断面	是
41	水石门	陕西省	"十二五"规划考核断面	否
42	荆紫关	陕西省	"十二五"规划考核断面	是
43	滔河水库	陕西省	"十二五"规划考核断面	否
44	水寨子	重庆市	新增、《水十条》考核	是

3.3.2.3　规划范围调整对断面设置的影响

"十三五"规划范围增加的6个县中，重庆市城口县增设水寨子断面进行控制；太白县在褒河增设有石门水库断面进行控制；其余4县仅有少数几个乡镇，设置断面意义不大。

3.3.2.4　与《"十二五"规划》比较

《"十二五"规划》共设置49个规划断面，《"十三五"规划》中保留37个。未保留的12个断面如表3-3所示，其中调整2个、取消10个，具体说明如下。

（1）调整2个断面

安康、石泉2个断面为轻微调整，调整原因为根据《水十条》目标责任书，选择了位置接近、作用相同的环保国控断面。其中，安康断面调整为国控断面老君关，控制安康城区下游水质；石泉断面调整为国控断面小钢桥，作为汉中、安康市汉江干流交界断面。

（2）取消10个断面

河南省许营、封湾、东台子、杨河、淇河大桥5个断面不再保留。前4个断面均布设在西峡县老灌河流域，断面过于密集，对控制流域水质意义不大，且上有三道河断面控制三门峡市卢氏县，下有西峡水文站控制南阳市西峡县，能够反映两个县城对水质的影响。淇河大桥断面上有上河断面，下有高湾断面，中间无重要排污区域。从降低成本的角度考虑，这5个断面不再纳入《"十三五"规划》。

湖北省青曲、淘谷河口、东河口3个断面不再保留。原因是控制范围太小，必要性不高。其中，青曲断面仅控制青曲镇排污，淘谷河口断面仅控制白桑关镇排污，东河口断面仅控制鲍峡镇、胡家营镇排污。

陕西省白河、紫阳洞河口2个断面不再保留。据分析，白河断面邻近国控断面羊尾，两者目的都是控制陕西省出境水质、衔接《水十条》目标责任书，二者取一，保留羊尾断面；紫阳洞河口仅控制一条小支流紫阳洞河水质，不能反映汉中市界至安康城区上游段的水质、衔接《水十条》目标责任书，调整为瀛湖坝前断面，控制安康市区以上各县排污。

表 3-3　未保留的《"十二五"规划》断面

序号	控制子单元	控制断面	不保留原因
1	Ⅰ-1-4 老灌河许营子单元	许营	断面太密集，无控制排污意义；上有三道河断面控制三门峡市卢氏县，下有西峡水文站控制南阳市西峡县
2	Ⅰ-3-1 丁河子单元	封湾	断面太密集，无控制排污意义；上有三道河断面控制三门峡市卢氏县，下有西峡水文站控制南阳市西峡县
3	Ⅰ-3-2 蛇尾河子单元	东台子	断面太密集，无控制排污意义；上有三道河断面控制三门峡市卢氏县，下有西峡水文站控制南阳市西峡县
4	Ⅰ-3-3 杨河子单元	杨河	断面太密集，无控制排污意义；上有三道河断面控制三门峡市卢氏县，下有西峡水文站控制南阳市西峡县
5	Ⅰ-4-2 淇河西峡子单元	淇河大桥	断面太密集，无控制排污意义；上有上河断面，下有高湾断面，中间无重要排污区域汇入
6	Ⅰ-2-9 曲远河子单元	青曲	支流太小，仅控制青曲镇排污，无意义
7	Ⅰ-2-10 淘谷河子单元	淘谷河口	支流太小，仅控制白桑关镇排污，无意义
8	Ⅰ-2-11 东河子单元	东河口	支流太小，无意义
9	Ⅱ-3-1 白河子单元	白河	与羊尾断面合并
10	Ⅱ-4-1 汉滨子单元	安康	调整为老君关（国控断面），控制安康城区排污
11	Ⅲ-1 安康水库控制单元	紫阳洞河口	仅控制一条小支流，无意义；调整为瀛湖坝前，控制安康市区以上各县排污
12	Ⅲ-2 石泉水库控制单元	石泉	调整为小钢桥（国控断面），汉中、安康市界断面

（3）增加 5 个断面

为衔接《水十条》目标责任书，增加了烈金坝、石门水库、黄金峡、瀛湖坝前、水寨子 5 个断面。其中，烈金坝位于汉江源头，为环保国控断面，可为流域提供源头背景水质状况；石门水库控制汉江上游重要支流褒河；黄金峡为环保国控断面，位于汉江干流汉中市汉台区至汉中 - 安康市界之间、汉中市洋县下游，该段河长超过100 km，有必要设置 1 个断面，且能控制洋县排污；瀛湖坝前断面为控制安康城区上游各县排污而设置；水寨子断面为控制重庆市城口县县城排污而设置。

3.3.2.5　与《水十条》目标责任考核断面比较

《水十条》目标责任书中 35 个考核断面全部纳入《"十三五"规划》，其中有 28个断面属于《"十二五"规划》断面。此外，《"十三五"规划》还保留了 9 个属于较重要支流、跨界等情形的《"十二五"规划》断面，如表 3-4 所示。

表 3-4　《水十条》考核断面之外保留的《"十二五"规划》断面

序号	断面名称	责任省份
1	西峡水文站	河南省
2	新洲	湖北省
3	洛阳河九湖	湖北省
4	月河	陕西省
5	旬河口	陕西省
6	坝河口	陕西省
7	张村	陕西省
8	水石门	陕西省
9	滔河水库	陕西省

3.3.3　控制单元划分结果

为衔接《全国江河湖泊水功能区规划》、国家流域水生态环境功能区分区管理体系，兼顾水系和乡镇边界的完整性，在规划分区下进一步划分 43 个控制单元，推进流域精细化管理。其中，河南省 7 个，湖北省 16 个，陕西省 19 个，重庆市 1 个；设置规划断面 49 个。划分详细结果如附图 1 和附表所示。

3.4　控制单元基础数据核定

人口、污染物排放量等相关数据多以行政区（如地市、区县）为统计口径。为便于在控制单元层面细化分析，需要将相关数据按控制单元归集。此处着重介绍主要污染物排放量、通量的核定，核定结果如表 3-5 所示。

3.4.1　主要污染物排放量核定

工业源：根据企业所在乡镇，将其排放量计入该乡镇所属控制单元。

城镇生活源：根据各乡镇城镇人口占其所在区县人口的比例，将按区县统计的污染物排放量分解到各乡镇，计入该乡镇所属控制单元。

农业源：考虑到耕地面积在很大程度上能够反映农业生产活动和污染物排放量的强度，根据各乡镇耕地面积占其所在区县耕地面积的比例，将按区县统计的污染物排放量分解到各乡镇，计入该乡镇所属控制单元。

3.4.2　主要污染物通量及削减量核定

主要污染物通量根据各控制断面水质和流量逐月监测数据，将 COD、氨氮、总氮等主要污染物浓度和径流量相乘并求和而得（表 3-5）。

对于存在水质超标的断面，计算超标因子实测浓度和水质目标要求的差值，将其和径流量相乘并求和，得到应削减的通量；计算应削减的通量占全年通量的比例，乘以超标因子对应的污染物排放量，求得该断面所在控制单元主要污染物削减量。

表 3-5　控制单元主要污染物相关数据核定表　　　　　单位：t/a

省份	控制单元名称	断面	COD排放量	COD通量	氨氮排放量	氨氮通量	总氮排放量	总氮通量	控制单元对总氮负荷贡献量
河南	I-1 老灌河卢氏栾川控制单元	三道河	1 757.1	1 033.6	166.5	21.3	875.8	214.9	214.9
河南	I-2 老灌河西峡控制单元	西峡水文站	1 892.6	4 191.2	206.7	86.5	702.7	803.1	588.2
河南	I-3 老灌河淅川控制单元	淅川张营	4 572.8	5 922.6	530.2	172.8	1 772.5	1 312.6	509.5
河南	I-4 淇河卢氏控制单元	上河	87.1	1 739.6	15.3	36	100.3	313.7	313.7
河南	I-5 淇河西峡控制单元	淅川高湾	1 578.6	4 666.1	1 079.1	142.3	1 313.9	1 130.7	817.0
河南	I-10 丹江入库前控制单元	淅川史家湾	739.5	13 350.2	88.8	350.1	467.8	3 723.6	346.8
河南	I-13 库周南阳控制单元	陶岔	22 926.5	12 503.3	1 574.1	101.2	11 782.6	3 106.5	1 521.7
湖北	I-12 滔河湖北控制单元	王河电站	1 783.8	3 551	131.2	90.4	604.7	720.7	528.6

续表

省份	控制单元名称	断面	COD排放量	COD通量	氨氮排放量	氨氮通量	总氮排放量	总氮通量	控制单元对总氮负荷贡献量
湖北	I-14库周十堰控制单元	坝上中	5 357.6	6 284.6	557.4	111.4	1 878.3	32 357.7	-9 419.3
湖北	I-16天河湖北控制单元	天河口	1 142.9	6 228.2	171.4	146.2	344.5	1 493.8	1 201.5
湖北	I-17库尾湖北控制单元	陈家坡	4 214.0	3 297.3	434.8	96	1 125.7	37 339.4	-1 377.3
湖北	I-18浪河控制单元	浪河口	338.0	1 780.8	37.2	31.2	136.1	228	228.0
湖北	I-19剑河控制单元	剑河口	283.5	1 964.1	44.0	40.3	114.9	372.8	372.8
湖北	I-20官山河控制单元	孙家湾	178.5	1 139.7	19.6	25	72.6	125.7	125.7
湖北	I-21泗河控制单元	泗河口	1 901.1	3 311.7	367.9	386.6	304.4	1 297.7	1 297.7
湖北	I-22神定河控制单元	神定河口	5 770.8	1 447	1 156.9	331.8	796.3	815.8	815.8
湖北	I-23犟河控制单元	东湾桥	1 557.8	1 536.3	35.1	210.1	40.1	548.6	548.6
湖北	I-24堵河下游控制单元	焦家院	148.4	34 192.9	36.0	813.7	49.4	6 322.4	1 304.8

省份	控制单元名称	断面	COD 排放量	COD 通量	氨氮 排放量	氨氮 通量	总氮 排放量	总氮 通量	控制单元对总氮负荷贡献量
湖北	Ⅰ-2 夹河湖北控制单元	夹河口	1 161.0	5 983.9	178.5	138.5	439.6	1 440.7	−157.2
湖北	Ⅱ-9 汇湾河控制单元	新洲	4 905.6	32 802.6	477.1	253	1 579.6	1 818.8	1 298.1
湖北	Ⅱ-10 官渡河神农架控制单元	洛阳河九湖	105.4	1 199.3	7.4	17.8	10.6	355	355.0
湖北	Ⅱ-11 官渡河控制单元	潘口水库坝上	2 611.9	25 744.2	330.0	565.6	989.6	3 829.7	2 010.9
湖北	Ⅱ-12 堵河黄龙滩水库控制单元	黄龙 1	3 680.2	27 781.7	432.1	518.1	1 092.9	4 468.9	639.2
陕西	Ⅰ-6 丹江商州源头区控制单元	构峪口	579.1	623.3	86.3	14.2	265.4	224	224.0
陕西	Ⅰ-7 丹江商州控制单元	张村	5 591.6	2 839.6	579.6	116.5	2 008.4	837.4	613.4
陕西	Ⅰ-8 丹江丹凤控制单元	丹凤下	5 904.6	4 951.1	528.4	141.3	1 857.2	1 406.6	569.2

省份	控制单元名称	断面	COD排放量	COD通量	氨氮排放量	氨氮通量	总氮排放量	总氮通量	控制单元对总氮负荷贡献量
陕西	I-9丹江陕西省界控制单元	淅川荆紫关	7 320.6	13 897.2	788.5	472.1	2 012.2	3 376.8	1 970.2
陕西	I-11滔河陕西省界控制单元	滔河水库	1 003.2	810.5	96.7	22.5	313.2	192.1	192.1
陕西	I-15天河陕西省界控制单元	水石门	333.7	1 722.3	54.3	43.7	116.4	292.3	292.3
陕西	II-1夹河陕西控制单元	玉皇滩	6 577.2	9 172.5	756.1	236.9	1 636.6	1 597.8	1 597.8
陕西	II-3旬河控制单元	旬河口	5 029.1	8 351.7	637.2	309.1	1 427.1	822.4	822.4
陕西	II-4汉江陕西省界控制单元	羊尾	8 187.9	109 048.5	1 100.6	2 180.5	2 272.7	28 875.7	870.4
陕西	II-5月河控制单元	月河	6 644.2	5 161.2	927.6	152.6	1 795.9	380.1	380.1
陕西	II-6汉江安康城区控制单元	老君关	2 720.1	129 752.2	427.2	2 988.2	1 042.0	25 511.9	10 408.0
陕西	II-7坝河控制单元	坝河口	2 763.5	4 144.4	349.0	95.8	969.7	230.4	230.4

续表

省份	控制单元名称	断面	COD 排放量	COD 通量	氨氮排放量	氨氮通量	总氮排放量	总氮通量	控制单元对总氮负荷贡献量
陕西	Ⅱ-8 南江河控制单元	界牌沟	1 305.2	9 318.4	142.0	89.7	381.7	520.8	520.8
陕西	Ⅲ-2 汉江安康水库控制单元	瀛湖坝前	10 779.5	115 874.2	1 596.6	2 668.6	4 629.9	14 723.8	−12 021.1
陕西	Ⅲ-3 汉江石泉水库控制单元	小钢桥	8 624.3	70 626.5	1 536.2	1 522	2 822.6	24 029.3	9 061.7
陕西	Ⅲ-4 汉江城固洋县控制单元	黄金峡	12 726.1	48 162.6	2 151.5	1 037.9	3 408.7	14 967.7	8 065.5
陕西	Ⅲ-5 汉江汉中控制单元	南柳渡	6 549.8	29 130.6	1 142.7	939.7	2 939.4	6 902.2	3 036.6
陕西	Ⅲ-6 汉江源头控制单元	梁西渡	7 240.0	23 573.4	1 115.8	458.5	2 736.6	3 104.6	3 058.8
陕西	Ⅲ-7 褒河控制单元	石门水库	681.7	4 270.3	125.9	100.1	242.9	806.8	806.8
重庆	Ⅲ-1 任河重庆控制单元	水寨子	785.6	15 139.4	88.4	358.5	154.9	2 715.5	2 715.5

3.5　优先控制单元筛选

优先控制单元是保障规划目标实现的重点区域,承担着流域总量削减、水质改善、生态保护、风险防范等主要任务，要加大投入，力求取得明显成效，确保实现规划目标。

3.5.1　水污染防治优先控制单元筛选

根据"十三五"规划定位，按照问题导向、重点突出的思想，从保障供水水质、控制总氮、防范风险的角度出发，确定水污染防治优先控制单元筛选原则：一是从保障供水水质的角度出发，将现状水质不达标的单元作为优先控制单元；二是从防控库区富营养化、控制总氮的角度出发，对库区总氮浓度影响突出的单元优先；三是从防范风险的角度出发，含有涉重金属尾矿库、环境风险突出的单元优先。按照此原则，最终筛选了 11 个水污染防治优先控制单元。其中，河南省 3 个，湖北省 6 个，陕西省 2 个。优先控制单元筛选情况如表 3-6 所示。

表 3-6　优先控制单元筛选情况

序号	控制单元名称	考核断面	责任省份	单元类型	筛选理由
1	I-2 老灌河西峡控制单元	西峡水文站	河南省	总氮控制	县城人口多，排污量较大，距离库区近，污染物衰减距离短，虽已达标，但仍需要加强面源污染防治、生态维护等工作，进一步提高水质安全保障水平
2	I-3 老灌河淅川控制单元	淅川张营	河南省	总氮控制	县城人口多，排污量较大，距离库区近，污染物衰减距离短，虽已达标，但仍需要加强面源污染防治、生态维护等工作，进一步提高水质安全保障水平
3	I-13 库周南阳控制单元	陶岔	河南省	总氮控制	库区的缓冲带和屏障，需要加强面源污染防治、生态维护等工作，削减入库污染负荷
4	I-14 库周十堰控制单元	坝上中	湖北省	总氮控制	库区的缓冲带和屏障，需要加强面源污染防治、生态维护等工作，削减入库污染负荷
5	I-17 库尾湖北控制单元	陈家坡	湖北省	风险防范	郧阳区（原郧县）存在较多的尾矿库，且库区蓄水水位达到 170 m 后，郧阳区城区紧邻库区水体，需要加强风险防范
6	I-19 剑河控制单元	剑河口	湖北省	达标治理	水质不达标，需要加强污染防治
7	I-21 泗河控制单元	泗河口	湖北省	达标治理	水质不达标，需要加强污染防治
8	I-22 神定河控制单元	神定河口	湖北省	达标治理	水质不达标，需要加强污染防治
9	I-23 犟河控制单元	东湾桥	湖北省	达标治理	水质不达标，需要加强污染防治

续表

序号	控制单元名称	考核断面	责任省份	单元类型	筛选理由
10	Ⅰ-9丹江陕西省界控制单元	荆紫关（湘河）	陕西省	总氮控制、风险防范	存在较多的尾矿库，部分涉重金属，需要加强风险防范；此外，该单元是丹江干流总氮负荷显著增加的单元，需要采取水土流失治理、面源污染防治等措施，降低入库总氮负荷
11	Ⅰ-4汉江陕西省界控制单元	羊尾（白河）	陕西省	总氮控制、风险防范	存在较多的尾矿库，部分涉重金属，需要加强风险防范；此外，该单元是汉江干流总氮负荷显著增加的单元，需要采取水土流失治理、面源污染防治等措施，降低入库总氮负荷

3.5.2　水土保持优先控制单元筛选

（1）指标选取

综合考虑降雨水文过程、各支流污染状况、植被覆盖状况、坡面侵蚀泥沙、农田面源污染、村庄和居民点分布等因素对丹江口水库水质的影响程度，选取人口密度、水资源量、总氮浓度、垦殖指数、坡耕地占耕地比例、林草覆盖率、水土流失面积占总面积比例等指标，确定水土保持规划布局的重点区域。

（2）指标及其权重计算

根据各控制单元的基础数据，计算各控制单元的人口密度、垦殖指数、坡耕地占耕地比例、林草覆盖率、水土流失比例，详见表3-7。

表3-7　43个控制单元指标计算表

序号	控制单元	人口密度/（人/km²）	垦殖指数	坡耕地占耕地比例/%	林草覆盖率/%	水土流失比例/%
1	Ⅰ-1老灌河卢氏栾川控制单元	157	0.09	63.52	73.14	23.62
2	Ⅰ-2老灌河西峡控制单元	173	0.06	57.21	75.27	22.5
3	Ⅰ-3老灌河淅川控制单元	386	0.31	58.67	54.75	23.13
4	Ⅰ-4淇河卢氏控制单元	53	0.04	72.14	78.4	20.74
5	Ⅰ-5淇河西峡控制单元	156	0.1	59.89	72.75	20.67
6	Ⅰ-6丹江商州源头区控制单元	165	0.11	72.09	73.33	19.82
7	Ⅰ-7丹江商州控制单元	265	0.18	67.92	66.79	22.21
8	Ⅰ-8丹江丹凤控制单元	189	0.16	66.93	69.16	21.27
9	Ⅰ-9丹江陕西省界控制单元	152	0.08	71.08	74.21	18.73
10	Ⅰ-10丹江入库前控制单元	266	0.26	53.5	58.03	23.3
11	Ⅰ-11滔河陕西省界控制单元	58	0.07	75.3	77.78	14.38
12	Ⅰ-12滔河湖北控制单元	148	0.22	71.7	65.62	23.38

续表

序号	控制单元	人口密度/ （人/km²）	垦殖指数	坡耕地占耕 地比例/%	林草覆盖 率/%	水土流失 比例/%
13	Ⅰ-13 库周南阳控制单元	226	0.38	34.59	36.7	18.11
14	Ⅰ-14 库周十堰控制单元	146	0.16	67.11	59.51	19.93
15	Ⅰ-15 天河陕西省界控制单元	71	0.07	76.28	77.34	17.94
16	Ⅰ-16 天河湖北控制单元	82	0.1	68	73.92	23.88
17	Ⅰ-17 库尾湖北控制单元	159	0.15	72.58	67.36	22.99
18	Ⅰ-18 浪河控制单元	54	0.06	69.16	76.76	21.16
19	Ⅰ-19 剑河控制单元	229	0.04	71.87	71.64	19.7
20	Ⅰ-20 官山河控制单元	50	0.05	77.91	78.61	20.7
21	Ⅰ-21 泗河控制单元	205	0.02	68.13	73.65	17.5
22	Ⅰ-22 神定河控制单元	1461	0.05	56.65	62.58	18.63
23	Ⅰ-23 犟河控制单元	87	0.03	68.78	80.03	21.69
24	Ⅰ-24 堵河下游控制单元	172	0.07	58.37	73.25	22.81
25	Ⅱ-1 夹河陕西控制单元	135	0.11	74.33	73.63	22.96
26	Ⅱ-2 夹河湖北控制单元	133	0.14	75.78	71.67	25.11
27	Ⅱ-3 旬河控制单元	73	0.08	77.53	76.09	22.55
28	Ⅱ-4 汉江陕西省界控制单元	206	0.2	77.55	66.33	20.68
29	Ⅱ-5 月河控制单元	193	0.21	69.32	65.79	23.23
30	Ⅱ-6 汉江安康城区控制单元	170	0.19	71.99	64.95	22.61
31	Ⅱ-7 坝河控制单元	101	0.13	76.33	72.72	21.44
32	Ⅱ-8 南江河控制单元	43	0.03	76.93	80.3	22.92
33	Ⅱ-9 汇湾河控制单元	161	0.13	70.38	71.35	24.96
34	Ⅱ-10 官渡河神农架控制单元	258	0.02	56.95	80.72	24.02
35	Ⅱ-11 官渡河控制单元	58	0.07	74.03	76.71	25.57
36	Ⅱ-12 堵河黄龙滩水库控制单元	99	0.09	74.53	74.7	22.13
37	Ⅲ-1 任河控制单元	74	0.12	76.34	72.96	25.66
38	Ⅲ-2 汉江安康水库控制单元	123	0.12	76.34	72.96	25.66
39	Ⅲ-3 汉江石泉水库控制单元	74	0.08	68.7	76.03	23.71
40	Ⅲ-4 汉江城固洋县控制单元	194	0.06	43.3	66.11	23.8
41	Ⅲ-5 汉江汉中控制单元	336	0.36	40.36	50.12	23.19
42	Ⅲ-6 汉江源头控制单元	134	0.16	59.6	69.23	23.43
43	Ⅲ-7 褒河控制单元	43	0.03	62.57	80.26	23.67

将 43 个控制单元分别按人口密度等 7 个指标进行排序，每个指标按照从大到小的顺序（林草覆盖率按照从小到大的顺序）分别赋值（从 43/43 到 1/43），最后对每个控制单元 7 个指标权重汇总取平均值，即为该控制单元的权重值。详见表 3-8。

表 3-8　43 个控制单元指标权重计算表

控制单元	指标权重							平均权重值
	人口密度	水资源量	总氮浓度	垦殖指数	坡耕地占耕地比例	林草覆盖率	水土流失比例	
Ⅰ-1	0.56	0.35	0.77	0.47	0.30	0.49	0.77	0.53
Ⅰ-2	0.70	0.53	0.72	0.23	0.16	0.30	0.47	0.45
Ⅰ-3	0.98	0.37	0.81	0.95	0.21	0.95	0.63	0.70
Ⅰ-4	0.09	0.33	0.60	0.14	0.67	0.14	0.30	0.33
Ⅰ-5	0.53	0.44	0.70	0.49	0.26	0.56	0.23	0.46
Ⅰ-6	0.63	0.07	0.79	0.56	0.65	0.44	0.19	0.48
Ⅰ-7	0.91	0.30	1.00	0.79	0.37	0.74	0.44	0.65
Ⅰ-8	0.72	0.26	0.93	0.72	0.33	0.70	0.35	0.57
Ⅰ-9	0.51	0.65	0.86	0.42	0.56	0.35	0.14	0.50
Ⅰ-10	0.93	0.02	0.84	0.93	0.09	0.93	0.70	0.63
Ⅰ-11	0.14	0.21	0.37	0.30	0.79	0.16	0.02	0.29
Ⅰ-12	0.49	0.47	0.40	0.91	0.58	0.84	0.72	0.63
Ⅰ-13	0.84	0.40	0.33	1.00	0.02	1.00	0.09	0.52
Ⅰ-14	0.47	0.67	0.28	0.77	0.35	0.91	0.21	0.52
Ⅰ-15	0.19	0.42	0.42	0.33	0.84	0.19	0.07	0.35
Ⅰ-16	0.28	0.19	0.74	0.51	0.40	0.37	0.86	0.48
Ⅰ-17	0.58	0.81	0.49	0.70	0.70	0.72	0.60	0.66
Ⅰ-18	0.12	0.16	0.51	0.26	0.49	0.21	0.33	0.30
Ⅰ-19	0.86	0.14	0.88	0.16	0.60	0.63	0.16	0.49
Ⅰ-20	0.07	0.09	0.56	0.19	1.00	0.12	0.28	0.33
Ⅰ-21	0.79	0.23	0.95	0.05	0.42	0.40	0.05	0.41
Ⅰ-22	1.00	0.12	0.98	0.21	0.12	0.88	0.12	0.49
Ⅰ-23	0.30	0.05	0.91	0.12	0.47	0.09	0.40	0.33
Ⅰ-24	0.67	0.72	0.26	0.35	0.19	0.47	0.53	0.46
Ⅱ-1	0.44	0.58	0.58	0.53	0.74	0.42	0.58	0.55
Ⅱ-2	0.40	0.63	0.47	0.67	0.81	0.60	0.93	0.64
Ⅱ-3	0.21	0.86	0.09	0.37	0.95	0.26	0.49	0.46
Ⅱ-4	0.81	0.91	0.44	0.86	0.98	0.77	0.26	0.72
Ⅱ-5	0.74	0.60	0.12	0.88	0.51	0.81	0.67	0.62
Ⅱ-6	0.65	0.51	0.35	0.84	0.63	0.86	0.51	0.62
Ⅱ-7	0.35	0.49	0.02	0.63	0.86	0.58	0.37	0.47
Ⅱ-8	0.05	0.56	0.05	0.09	0.93	0.05	0.56	0.33
Ⅱ-9	0.60	0.79	0.07	0.65	0.53	0.65	0.91	0.60
Ⅱ-10	0.88	0.28	0.53	0.02	0.14	0.02	0.88	0.40
Ⅱ-11	0.16	0.84	0.19	0.28	0.72	0.23	0.95	0.48

续表

控制单元	指标权重							平均权重值
	人口密度	水资源量	总氮浓度	垦殖指数	坡耕地占耕地比例	林草覆盖率	水土流失比例	
Ⅱ-12	0.33	0.74	0.16	0.44	0.77	0.33	0.42	0.46
Ⅲ-1	0.26	0.70	0.21	0.58	0.91	0.53	1.00	0.60
Ⅲ-2	0.37	0.98	0.14	0.60	0.88	0.51	0.98	0.64
Ⅲ-3	0.23	1.00	0.65	0.40	0.44	0.28	0.81	0.54
Ⅲ-4	0.77	0.95	0.63	0.81	0.07	0.79	0.84	0.69
Ⅲ-5	0.95	0.77	0.67	0.98	0.05	0.98	0.65	0.72
Ⅲ-6	0.42	0.93	0.30	0.74	0.23	0.67	0.74	0.58
Ⅲ-7	0.02	0.88	0.23	0.07	0.28	0.07	0.79	0.34

（3）水土保持优先控制单元筛选结果

按照水源地安全保障区、水质影响控制区、水源涵养生态建设区三个分区，分别对控制单元按权重值排序，选取权重值较大的控制单元作为水土保持规划布局的重点区域。Ⅰ区水源地安全保障区共24个控制单元，选取11个重点；Ⅱ区水质影响控制区共12个控制单元，选取5个重点；Ⅲ区水源涵养生态建设区共7个控制单元，选取3个重点。共选取19个权重值较大的控制单元作为水土保持规划布局的重点区域。水土保持优先控制单元详见表3-9。

表3-9　水土保持优先控制单元

序号	分区	控制单元	断面名称	责任省份	平均权重值
1	Ⅰ	Ⅰ-3 老灌河淅川控制单元	淅川张营	河南省	0.7
2	Ⅰ	Ⅰ-17 库尾湖北控制单元	陈家坡	湖北省	0.66
3	Ⅰ	Ⅰ-7 丹江商州控制单元	张村	陕西省	0.65
4	Ⅰ	Ⅰ-10 丹江入库前控制单元	淅川史家湾	河南省	0.63
5	Ⅰ	Ⅰ-12 滔河湖北控制单元	王河电站	湖北省	0.63
6	Ⅰ	Ⅰ-8 丹江丹凤控制单元	丹凤下	陕西省	0.57
7	Ⅰ	Ⅰ-1 老灌河卢氏栾川控制单元	三道河	河南省	0.53
8	Ⅰ	Ⅰ-13 库周南阳控制单元	陶岔	河南省	0.52
9	Ⅰ	Ⅰ-14 库周十堰控制单元	坝上中	湖北省	0.52
10	Ⅰ	Ⅰ-9 丹江陕西省界控制单元	荆紫关	陕西省	0.5
11	Ⅰ	Ⅰ-19 剑河控制单元	剑河口	湖北省	0.49
12	Ⅱ	Ⅱ-4 汉江陕西省界控制单元	羊尾	陕西省	0.72
13	Ⅱ	Ⅱ-2 夹河湖北控制单元	夹河口	湖北省	0.64
14	Ⅱ	Ⅱ-5 月河控制单元	月河	陕西省	0.62

续表

序号	分区	控制单元	断面名称	责任省份	平均权重值
15	Ⅱ	Ⅱ-6 汉江安康城区控制单元	老君关	陕西省	0.62
16	Ⅱ	Ⅱ-9 汇湾河控制单元	新洲	湖北省	0.6
17	Ⅲ	Ⅲ-5 汉江汉中控制单元	南柳渡	陕西省	0.72
18	Ⅲ	Ⅲ-4 汉江城固洋县控制单元	黄金峡	陕西省	0.69
19	Ⅲ	Ⅲ-2 汉江安康水库控制单元	瀛湖坝前	陕西省	0.64

第 4 章　规划目标研究

4.1　规划目标指标体系

"十三五"期间，规划定位由"十一五"、"十二五"期间以提高水源区生态环境基础设施覆盖面为主的"保通水"，向巩固和完善生态环境基础设施基础上，以保障南水北调中线水源区的水质水量、风险可控、经济社会可持续发展为目标的"保供水"转变。根据这一定位，确定三方面的目标指标：一是水质指标，二是生态建设目标，三是经济社会发展目标。

4.2　水环境质量指标与目标的确定

断面水质目标的确定遵循以下原则：一是遵照水质反退化原则，规划目标原则上不低于水质现状值。二是以《全国重要江河湖泊水功能区划（2011—2030 年）》为重要依据，断面水质目标充分衔接水（环境）功能区目标。三是结合区域社会经济发展、污染减排潜力以及断面近几年水质变化情况，科学确定规划断面水质目标。四是衔接国务院已批复规划中的断面水质目标。五是达到地方政府承诺的环境要求，如创建国家环境保护模范城市、生态市建设等。六是努力可达的原则。各断面水质目标如表 4-1 所示。

表4-1　规划断面水质目标

序号	规划分区	控制单元	水体	控制断面	水质现状	水功能区要求	总目标	"十三五"目标	备注
1	I 水源地安全保障区	I-1 老灌河卢氏栾川控制单元	老灌河	三道河	III	老灌河西峡自然保护区	III	III	市界(三门峡市—南阳市)
2		I-2 老灌河西峡控制单元	老灌河	西峡水文站	III	老灌河西峡自然保护区	III	III	县界(西峡县—淅川县)
3		I-3 老灌河淅川控制单元	老灌河	淅川张营	III	老灌河淅川保留区	III	III	县界(西峡县—淅川县)、入库口(丹江口水库)
4		I-4 淇河卢氏栾川控制单元	淇河	上河	II	淇河西峡源头水保护区	II	II	市界(三门峡市—南阳市)
5		I-5 淇河西峡控制单元	淇河	淅川高湾	II	淇河西峡源头水保护区	II	II	县界(西峡县—淅川县)
6		I-6 丹江商州源头区控制单元	丹江	峪岭口	II	丹江商州保留区	II	II	其他
7		I-7 丹江商州控制单元	丹江	张村	III	丹江商州开发利用区	II	III	
8		I-8 丹江丹凤控制单元	丹江	丹凤下	III	丹江丹凤开发利用区;丹江商州,丹凤保留区	II	III	县界(丹凤县—商南县)
9		I-9 丹江陕西省界控制单元	丹江	淅川荆紫关	II	丹江陕豫缓冲区;丹江丹凤,商南保留区	II	II	省界(陕—豫)
10		I-10 丹江入库前控制单元	丹江	淅川史家湾	III	丹江淅川自然保护区	III	III	入库口(丹江口水库)
11		I-11 淄河陕西省界控制单元	淄河	淄河水库	II	淄河商南源头水保护区,淄河陕鄂缓冲区	II	II	省界(陕—鄂)
12		I-12 淄河湖北控制单元	淄河	王河电站	II	淄河保留区	II	II	省界(鄂—豫)

续表

序号	规划分区	控制单元	水体	控制断面	水质现状	水功能区要求	总目标	"十三五"目标	备注
13	I 水源地安全保障区	I -13 库周南阳控制单元	丹江口水库	茱岗	II	丹江口水库调水水源保护区	II	II	库中心
				陶岔					
14		I -14 库周十堰控制单元	丹江口水库	坝上中	II	丹江口水库调水水源保护区	II	II	库中心
				何家湾					
				江北大桥					
				五龙泉					省界(豫—鄂)
15		I -15 天河陕西省界控制单元	天河	水石门(照川)	II	天河陕鄂缓冲区;天河山阳源头水保护区	II	II	省界(陕—鄂)
16		I -16 天河湖北控制单元	天河	天河口	III	天河郧西保留区	III	III	入河口(汉江)
17		I -17 库尾湖北控制单元	汉江	陈家坡	II	丹江口水库调水水源保护区	II	II	县界(郧县—丹江口市)、汉江干流
18		I -18 浪河控制单元	浪河	浪河口	II	无	II	II	入库口(丹江口水库)
19		I -19 剑河控制单元	剑河	剑河口	IV	无	III	III	入库口(丹江口水库)
20		I -20 官山河控制单元	官山河	孙家湾	III	无	II	III	入库口(丹江口水库)

续表

序号	规划分区	控制单元	水体	控制断面	水质现状	水功能区要求	总目标	"十三五"目标	备注
21	I 水源地安全保障区	I-21 泗河控制单元	泗河	泗河口	劣V	无	IV	氨氮≤3.5mg/L，总磷≤0.5mg/L，其他指标为IV类	县界（茅箭区—丹江口市）、入库口（丹江口水库）
22		I-22 神定河控制单元	神定河	神定河口	劣V	无	III	氨氮≤3.5mg/L，总磷≤0.35mg/L，其他指标为IV类	县界（张湾区—郧县）、入库口（丹江口水库）
23		I-23 犟河控制单元	犟河	东湾桥	劣V	无	III	氨氮≤3.5mg/L，总磷≤0.5mg/L，其他指标为IV类	入河口（堵河）
24		I-24 堵河下游控制单元	堵河	焦家院	II	堵河十堰、郧县保留区	II	II	县界（张湾区—郧县）、入河口（汉江）

续表

序号	规划分区	控制单元	水体	控制断面	水质现状	水功能区要求	总目标	"十三五"目标	备注
25	II 水质影响控制区	II-1 夹河陕西控制单元	金钱河	玉皇滩	II	夹河（金钱河）陕鄂缓冲区	II	II	省界（陕—鄂）
26		II-2 夹河湖北控制单元	金钱河	夹河口	III	夹河郧西保留区	II	III	入河口（汉江）
27		II-3 旬河控制单元	旬河	旬河口	III	旬河旬阳开发利用区	III	III	
28		II-4 汉江陕西省界控制单元	汉江	羊尾（白河）	II	汉江陕鄂缓冲区	II	II	省界（陕—鄂）、汉江干流
29		II-5 月河控制单元	月河	月河	III	无	III	III	
30		II-6 汉江安康城区控制单元	汉江	老君关	II	汉江安康开发利用区	II	II	县界（汉滨区—旬阳县），汉江干流
31		II-7 坝河控制单元	坝河	坝河口	III	无	III	III	
32		II-8 南江河控制单元	堵河	界牌沟	II	堵河源头水保护区	II	II	省界（陕—鄂）
33		II-9 汇湾河控制单元	汇湾河	新洲	II	堵河竹溪竹山保留区	II	II	
34		II-10 官渡河神龙架控制单元	官渡河	洛阳河九湖	II	无	II	II	
35		II-11 官渡河控制单元	潘口水库	潘口水库坝上	II	堵河竹溪竹山保留区	II	II	县界（竹溪县—竹山县），库中心
36		II-12 堵河黄龙滩水库控制单元	黄龙滩水库	黄龙1 黄龙2	II	黄龙滩水库饮用水保护区	II	II	库中心

续表

序号	规划分区	控制单元	水体	控制断面	水质现状	水功能区要求	总目标	"十三五"目标	备注
37	Ⅲ 水源涵养生态建设区	Ⅲ-1 任河重庆控制单元	任河	水寨子	Ⅱ	任河城口保留区	Ⅱ	Ⅱ	省界(渝—川)
38		Ⅲ-2 汉江安康水库控制单元	瀛湖	瀛湖坝前	Ⅱ	汉江石泉、紫阳保留区	Ⅱ	Ⅱ	县界(紫阳县—汉滨区)、汉江干流
39		Ⅲ-3 汉江石泉水库控制单元	汉江	小钢桥	Ⅱ	汉江石泉、紫阳保留区	Ⅱ	Ⅱ	市界(汉中市—安康市)、汉江干流
40		Ⅲ-4 汉江城固洋县控制单元	汉江	黄金峡	Ⅱ	汉江石泉、紫阳保留区	Ⅱ	Ⅱ	汉江干流
41		Ⅲ-5 汉江汉中控制单元	汉江	南柳渡	Ⅱ	汉江汉中保留区	Ⅱ	Ⅱ	县界(汉台区—城固县)、汉江干流
42		Ⅲ-6 汉江源头控制单元	汉江	梁西渡	Ⅱ	汉江勉县保留区	Ⅱ	Ⅱ	县界(勉县—汉台区)、汉江干流
				烈金坝	Ⅰ	无	Ⅰ	Ⅰ	
43		Ⅲ-7 褒河控制单元	褒河	石门水库	Ⅲ	无	Ⅲ	Ⅲ	县界(留坝县—汉台区)

4.3　生态建设目标

新增治理水土流失面积 4 000 km²，年均减少土壤侵蚀量 400 万 ~ 600 万 t，水土流失整体治理程度达到 60 % 以上；新增水土保持项目区林草覆盖率增加 5 % ～ 10 % 。

4.4　经济社会发展目标

到 2020 年，与全国同步实现全面建成小康社会目标。初步形成以生态农业、环境友好型工业和旅游服务业为主的产业体系，以及覆盖城乡、高效便捷的基础设施体系，基本公共服务能力进一步增强，生态文明建设水平显著提高，为形成南水北调水源中线水源保护长效机制提供切实保障。

第 5 章　规划任务

5.1　点源污染防治

5.1.1　工业污染综合防治

5.1.1.1　实施工业污染源全面达标排放计划

2016 年底前，全面排查工业企业，对不符合国家产业政策的小型造纸、制革、印染、染料、炼焦、炼硫、炼砷、炼油、电镀、农药、皂素、铅锌选矿等严重污染水环境的生产项目全部取缔，对超标排放企业限期整改。

5.1.1.2　推进重点行业清洁化改造

严格环境准入，限制承接造纸、焦化、氮肥、有色金属、印染、农副食品加工、原料药制造、制革、农药、电镀等高污染行业转移。重点推进有色金属、农副食品加工、制药、电镀、氮肥、印染等涉水企业污染治理和技术改造力度。2017 年底前，氮肥行业尿素生产完成工艺冷凝液水解解析技术改造，印染行业实施低排水染整工艺改造，制药（抗生素、维生素）行业实施绿色酶法生产技术改造。

5.1.1.3　加强工业集聚区污染治理

优先针对省级及以上重点开发区域，大力发展装备制造、节能环保、新材料、现代服务业等清洁产业，积极推进现有工业聚集区生态化改造，优化产业结构。新建企业均要进入工业聚集区，新建工业聚集区应参照《国家生态工业示范园区标准》，力争建成生态工业示范园区，优化产业布局。

2016 年底前，完成工业集聚区企业构成、污染治理模式、污染物排放等基础情况调查并动态更新。所有工业集聚区均应建设污水集中处理设施，安装自动在线监控装置并实现与市县环保部门联网；集聚区内工业废水必须经预处理达到集中处理要求，方可进入污水集中处理设施。其中，新建、升级工业集聚区应同步规划、建设污水、垃圾集中处理等污染治理设施；现有工业集聚区应于 2017 年年底前，按规定建成污水集中处理设施，逾期未完成的，一律暂停审批和核准其增加水污染物排放的建设项目，并由集聚区设立部门依照有关规定撤销其资格。在污水集中处理设施建成之前，集聚区内所有企业需自行处理确保达标排放，对超标排放的企业一律采取按日计罚、限产停产等措施。

5.1.2 城镇生活污水治理

5.1.2.1 完善污水处理厂配套管网

加快完善已建污水处理厂配套管网，促进充分发挥治污效益。规划新建污水处理厂配套管网应同步设计、同步建设、同步投运。城镇新区建设应实行清污分流，率先在水源地安全保障区内县级以上城市试点推进初期雨水收集、处理和资源化利用。到2020年城市建成区污水基本实现全收集、全处理。

5.1.2.2 完善污水处理能力

加快现有城镇污水处理设施提标改造，提升脱氮除磷能力。到"十三五"末，县级以上生活污水处理厂出水水质要达到《城镇污水处理厂污染物排放标准》（GB 18918—2002）一级A排放标准；丹江口饮用水水源准保护区内生活污水处理厂出水水质力争提高到地表水Ⅳ类标准。自2016年起，全面开展城镇污水处理设施总氮、总磷排放的监测与统计，将总氮、总磷作为日常监管的重要指标。

按照填平补齐、因地制宜的原则，合理扩充污水处理能力，到2020年，流域所有县城和建制镇具备污水收集处理能力，县城、城市污水处理率分别达到85%、95%左右。

5.1.3 城镇污泥与生活垃圾处理处置

污水处理设施产生的污泥应进行稳定化、无害化和资源化处理处置。2016年底前，完成非法污泥堆放点排查并一律予以取缔。现有污泥处理处置设施应于2017年底前基本完成达标改造，地级及以上城市污泥无害化处理处置率应于2020年底前达到90%以上，建制镇污泥无害化处理处置率不低于60%。加强污泥从产生到处置的全过程监管，严厉查处污泥违法倾倒行为，禁止处理处置不达标的污泥进入耕地。

综合考虑人口规模、空间分布等因素，完善垃圾收集转运系统，发挥已建垃圾填埋场治污效益。强化垃圾渗滤液收集、储存与处理。坚持减量化、无害化、资源化的原则，推进垃圾分类，统筹城镇污泥与生活垃圾处理处置，积极探索土地利用、焚烧等新型处理处置方式。

5.2 面源污染防治

5.2.1 种植业污染防治

5.2.1.1 调整种植业结构与布局

优先在水源地安全保障区和水质影响控制区的汉江、丹江、堵河等主要入库河流两岸 1 km 范围内，以发展生态农业、有机农业为方向，引导农业清洁生产。鼓励从坡耕地到湖滨带形成由旱地逐渐向水田过渡的梯级耕作格局。率先在优先控制单元推进生态沟渠、污水净化塘、地表径流集蓄池等设施建设，净化农田排水及地表径流，削减氮磷负荷。

5.2.1.2 减少农药、化肥使用量

大力推广测土配方施肥技术，降低化肥施用量，推进有机肥使用，支持发展高效缓（控）释肥等新型肥料。鼓励农民使用生物农药或高效、低毒、低残留农药，推行精准施药和科学用药，推广病虫害综合防治、生物防治等技术。采用秸秆覆盖、免耕法、少耕法等保护性耕作措施。新建高标准农田要达到相关环保要求。到 2020 年，全区域内各市测土配方施肥技术覆盖率达到 90 % 以上，化肥利用率提高到 40 % 以上，主要农作物化肥、农药使用量零增长。

5.2.2 畜禽养殖污染防治

2016 年底前，流域各区县完成禁养区、限养区范围划定，2017 年底前，依法取缔禁养区内的畜禽养殖活动。

坚持"种养平衡"原则，优先推进畜禽粪污资源化利用。自 2016 年起，新建、改建、扩建规模化畜禽养殖场（小区）要实施雨污分流、粪便污水资源化利用。2017 年底前，现有规模化畜禽养殖场（小区）要建成粪便污水贮存、处理、利用配套设施，或委托有能力的单位代为处理畜禽养殖废弃物。到 2020 年，畜禽规模化养殖场粪便利用率达到 85 % 以上；30 % 以上的养殖专业户实施粪污集中收集处理和利用。

5.2.3 水产养殖污染防治

丹江口库区全面禁止网箱投饵养殖。其余水体科学划定禁养区、限养区，严格控制网箱投饵养殖面积。鼓励发展生态健康养殖，开展渔业"三品一标"认证工作。

5.2.4 农村生活污染治理

积极推进农村生活垃圾分类，易降解垃圾就地还田，难降解垃圾建立"户分类、村集中、镇中转、县处理"机制，防止垃圾在河流、湖泊（水库）岸边堆放。

以县级行政区域为单元，实行农村污水处理统一规划、统一建设、统一管理，有条件的地区积极推进城镇污水处理设施和服务向农村延伸。农村生活污水优先考虑还田利用；根据水质改善需求，确有处理必要的，应选用建设和运行费用低、易于管理运营的工艺。

深化"以奖促治"政策，实施农村清洁工程，推进农村环境连片整治，实现"清

洁田园"、"清洁家园"、"清洁水源"。工程布局上以小流域为单元,按照"源头减量、过程阻控、末端治理"的防治思路,系统推进面源污染防治,建设生态清洁小流域,加强总氮负荷削减。各省(市)农村环境保护类项目安排要向规划区倾斜。

5.3 生态建设

以减少入库泥沙、提高林草植被覆盖为抓手,按照"多规合一"的要求,统筹协调农、林、水各行业规划,整合水土流失综合治理、天然林保护、退耕还林还草、石漠化治理等项目,加强生态建设,提高水源涵养能力,实现山水林田湖系统治理和保护。

5.3.1 小流域综合治理

按照连续治理、集中治理的原则,选择水土流失严重的区域,采取以小流域为单元的水土流失综合治理。在人口相对集中、坡耕地较多、植被较差的地方,开展综合治理,采取坡改梯、坡面水系、作业道路等坡面整治工程,谷坊、拦沙坝等沟道防护工程,营造水土保持林、经果林、种草、植物篱,以及疏溪固堤、治塘筑堰等措施;在以轻度水土流失为主的疏残幼林地和荒山荒坡,采取封育管护、能源替代、舍饲养畜等措施,开展生态修复。

按照全面规划、突出重点的原则,选取 19 个权重值较大的控制单元作为水土保持规划布局的重点区域。按照水源涵养生态建设区、水源地安全保障区、水质影响控制区分别确定水土流失治理程度和规模。分省和分区建设规模详见表 5-1 和表 5-2。水土保持规划项目布局见图 5-1。

表 5-1　分省建设任务

省(市)	治理面积/km^2	其中生态清洁小流域/km^2
陕西省	2 522.7	630.7
河南省	369.8	92.5
湖北省	1 057.4	264.4
重庆市	54.0	12.4
合计	4 003.9	1 000.0

表 5-2　分区建设任务

分区	治理面积/km^2	其中生态清洁小流域/km^2
Ⅰ水源地安全保障区	1 287.3	387.5
Ⅱ水质影响控制区	1 382.8	345.7
Ⅲ水源涵养生态建设区	1 333.8	266.8
合计	4 003.9	1 000.0

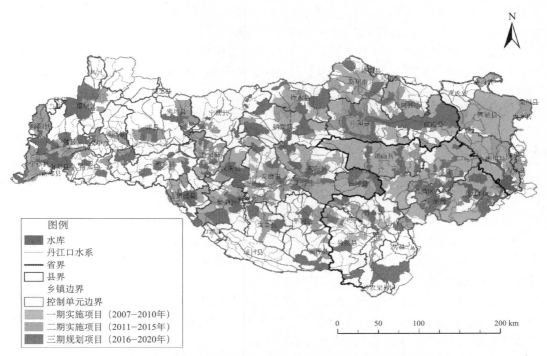

图例
- 水库
- 丹江口水系
- 省界
- 县界
- 乡镇边界
- 控制单元边界
- 一期实施项目（2007—2010年）
- 二期实施项目（2011—2015年）
- 三期规划项目（2016—2020年）

0　　50　　100　　　　200 km

图5-1　丹江口库区及上游"十三五"水土保持规划项目布局图

5.3.2　石漠化治理

与全国石漠化治理"十三五"规划衔接，加强石漠化地区的植被建设，提高水源涵养能力。

5.3.3　天然林保护

与全国天然林保护"十三五"规划衔接，加强河南省南阳市、湖北省十堰市、陕西省商洛市等环库周地区的生态林建设，形成水库天然生态屏障。

5.3.4　退耕还林还草

与全国退耕还林还草"十三五"规划衔接，对规划区坡度在15°以上坡耕地实施退耕还林还草。

5.3.5　加强消落带管理

基于丹江口水库消落区的实际情况，以保护库区水质为首要目标，建立健全消落区管理的相关制度，并对消落区土地进行合理分区、统筹规划。对位于饮用水水源保护区内的消落区，依法按照饮用水水源地保护区要求进行管制。

根据《南水北调中线一期工程环境影响评价复核报告书》要求，通过种植耐淹植物进行库滨带生态修复并形成库周生态隔离带，阻隔库周污染直接入库。

5.4 风险管控

5.4.1 丹江口水库饮用水源保护区管控

加快水源保护区规范化建设。河南、湖北根据丹江口水库饮用水水源保护区划分成果，建设一级保护区隔离防护工程，设立界标、交通警示牌及宣传牌。开展保护区内居民和农户补偿性搬迁，对二级保护区内农药和化肥禁用、有机农业、退耕还林（草）及畜禽养殖废物资源化进行补偿性整治。一级、二级保护区内严禁生活、工业污水排放；饮用水水源准保护区内严禁工业企业污水排放。2016年年底前，依法取缔水源保护区内违法排污行为。

强化水源保护区日常监管。河南、湖北每年至少开展一次全指标监测，适时开展持久性有机污染物（POPs）、内分泌干扰物和湖库型水源藻毒素监测。定期开展污染排查和整治，及时清理整顿违法排污行为。

5.4.2 尾矿库风险控制

2016年年底前，全面排查规划区内尾矿库，完善责任主体、安全度、污染物与风险物质等重要信息，建立尾矿库管理清单，开展环境风险评估，识别存在较大和重大环境风险的尾矿库。

落实有主尾矿库风险防范主体责任。提高企业环境风险防范意识，督促企业落实环境风险隐患排查和治理。对隐患突出又未能有效整改的，要依法实行停产整治或予以关闭。2017年年底前，三等及以上尾矿库应建成在线监测系统并与行业主管部门联网；重点针对伴生重金属、氰化物等有毒有害物质和可能给南水北调中线水源区水质带来严重威胁的尾矿库，强化日常监管。

推进无主尾矿库治理。各地按照《尾矿库隐患综合治理方案》（安监总管〔2009〕112号）要求，继续深化无主尾矿库隐患治理，落实资金、明确职责、强化措施，扎实开展隐患综合治理。

5.4.3 流动源风险控制

积极开展船舶污染治理。全面排查流域内现有船舶，依法强制报废超过使用年限的船舶。规范船舶水上拆解行为，禁止船舶冲滩拆解。不符合新修订船舶污染物排放标准要求的船舶应于 2020 年年底前完成有关设施、设备的配备或改造。2016 年起，禁止单壳化学品船舶和 600 载重吨以上的单壳油船进入规划区水域航行。

增强港口码头污染防治能力。以十堰市为重点，编制实施丹江口港、十堰港等港口、丹江口旅游中心港码头等码头、装卸站污染防治方案。在航运沿线加快航运垃圾接收、转运及处理处置设施建设，提高含油污水、化学品洗舱水等接收处置能力及污染事故应急能力。到 2020 年年底前，流域所有城市的港口、码头、装卸站具备船舶含油污水、化学品洗舱水、生活污水和垃圾等接收能力，全面实现船舶污染物上岸集中处置。港口、码头、装卸站应制订应急预案。

切实加强道路危险化学品运输安全管理。运输有毒有害物质、油类、粪便的船舶和车辆一般不准进入保护区，必须进入者应事先申请并经有关部门批准、登记并配备押运人员及应急处置设施。穿越水源保护区的路段应设置防护栏、溢流沟、沉淀池等必要的防护设施并加强日常巡护。

5.4.4　监测和应急能力建设

全面提升流域环境监测能力。全面提升县级站基础分析监测能力，提升市级站有机污染物和有毒有害物的监测能力。试点开展农业面源、移动源等监测与统计工作。

建立生态环境监测数据集成共享机制。按照《生态环境监测网络建设方案》（国办发〔2015〕56 号）要求，整合流域各级环境保护、国土资源、住房城乡建设、交通运输、水利、农业、卫生、林业、气象等部门数据，依法建立统一的生态环境监测信息发布机制。

强化流域应急和处置能力建设。为确保水源区出现水污染突发事件时做到及时应急响应和处置，在陶岔渠首、湖北十堰、陕西商洛、陕西安康、陕西汉中分别构建集突发事件相关数据采集、危机判定、决策分析、命令部署、实时沟通、联动指挥、现场支持于一体的突发环境污染事件预警和应急指挥中心，提高预警和应急指挥水平。

5.5　经济社会发展

统筹考虑水源区经济社会发展与环境保护，尊重生态环境规律和经济社会发展客观规律，坚守环境底线思维，以人为本，用理性和科学的态度想问题、办事情、做决策，正确处理好环境保护与经济发展的关系，妥善协调好环境保护与民生保障的关系，科学把握好环境保护与产业开发的关系。坚持在保护中促进发展，在发展中加强保护，进一步加强水源区基础设施建设，不断改善经济社会发展的环境条件，提升基本公共服务水平，不断改善民生保障的环境条件，进一步促进水源区特色产业发展，不断增强水源区经济整体实力。坚持走经济发展与环境保护"双赢"、经济发展与改善民生共进之路，找准经济发展与环境保护的"平衡点"，实现资源永续利用，生态良性循环，环境质量改善，经济效益、社会效益、环境效益相统一。坚持绿色化、生态化开发，发挥特色优势，科学发展、持续发展，建设环境优美、经济发展、社会和谐、宜居宜游的水源区，不断缩小与全国的发展差距，同步实现全面小康，在更高层次上实现人与自然、环境与经济、人与社会的协调可持续发展。

第6章 水污染防治优先控制单元方案研究

6.1 神定河控制单元

6.1.1 问题分析

神定河控制单元包括张湾区、茅箭区6个街道。2012—2014年，单元出口的神定河口断面水质均为劣Ⅴ类，主要污染指标为氨氮、总磷和COD，三年平均值分别超出Ⅲ类标准水质标准的7.8倍、1.4倍和0.9倍。具体见表6-1和图6-1。

表6-1 神定河口断面水质评价结果

年份	主要污染物质量浓度/（mg/L）			水质类别	超标倍数
	COD	氨氮	总磷		
2012	47.10	9.48	0.54	劣Ⅴ	COD（1.4）、氨氮（8.5）、总磷（1.7）
2013	37.30	5.38	0.31	劣Ⅴ	COD（0.9）、氨氮（4.4）、总磷（0.6）
2014	28.10	11.50	0.56	劣Ⅴ	COD（0.4）、氨氮10.5）、总磷（1.8）
三年平均	37.50	8.79	0.47	劣Ⅴ	COD（0.9）、氨氮（7.8）、总磷（1.4）

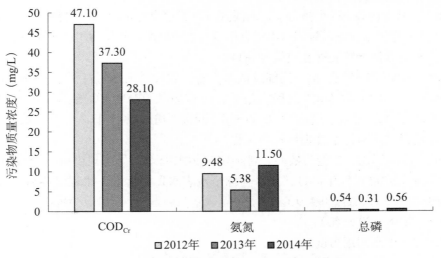

图6-1 神定河口断面主要污染物各年平均质量浓度

经污染源解析，造成神定河口断面水质较差的主要原因为城区管网（特别是支管）建设滞后以及神定河污水处理厂超负荷运行导致的污水直排。

2014 年，该控制单元内城镇生活污水 COD 排放量为 3 329.6 t，氨氮排放量为 526.5 t。2014 年，神定河单元生活污水排放量约 20 万 t/d，而神定河污水处理厂设计处理能力为 16.5 万 t/d，实际处理水量为 15 万 t/d，即约有 5 万 t/d 生活污水未得到有效处理。同时，由于污水收集系统为混流制，雨污不分、清污不分，雨季雨水、溪流水进入管网，旱季地下水进网，收集量远远大于原设计处理能力，致使污水处理厂无法正常运营，大量污水溢流直排。

6.1.2 目标与思路

目标：到 2020 年，神定河口断面水质需达到氨氮 ≤3.5 mg/L，总磷 ≤0.35 mg/L，其他指标为Ⅳ类。

治理思路：近期（2015—2017 年）以整治张湾区污水直排和对神定河污水处理厂扩容为重点，全面整治入河排污口，建设截污干管和支管网，实现"污水接管、清水还河"。远期（2018—2020 年）推进神定河污水处理厂中水回用，减少污染物直接排放，同时，开展河道内源污染治理及生态修复，加强农村面源污染整治，并利用上游水库实施生态补水增加河道流量，确保神定河口断面水质稳定达到目标要求。

6.1.3 治理方案

近期（2015—2017 年）：

（1）加大入河排污口整治力度。

整治 21 条支沟共 166 个排污口，入河排污口附近没有市政污水管网时，在排放口建设小型污水处理设施；入河排污口附近有市政污水管网时，收集污水进入现污水管道。

（2）推进截污干管和配套支管网建设。

结合入河排污口整治，沿支沟铺设截污干管，收集入河排污口污水，建设截污干管 161.3 km，配套支管 67 km，工程实施后，可多收集 9 900 t/d 的生活污水，分离出 3.69 万 t/d 的清水，总收水量达 17.43 万 t/d，间接新增削减 COD 2 036 t、氨氮 424.7 t。

（3）建设神定河污水处理厂扩容工程。

以根治溢流问题、扩能为核心，将神定河污水处理厂处理规模由 16.5 万 t/d 扩大至 18 万 t/d（扩能 1.5 万 t/d），出水提标至地表水Ⅳ类标准，工程实施后，直接新增削减 COD 1 721 t、氨氮 194.9 t。

远期（2018—2020 年）：

（1）加大中水回用力度。

建设神定河污水处理厂中水回用工程。建设输水管网 18.8 km 及提升泵站，引神定河污水处理厂尾水 5.2 万 t/d 至十堰市京能热电厂，作为热电厂循环冷却水及附近城市绿化、道路冲洗等市政杂用水，通过提高水资源循环利用效率，间接减少污染物排放。

（2）加强河道内源污染治理及生态修复。

在百二河、红卫河和张湾河各 3 km 以及神定河入库前 10 km 河道实施污泥清除、基底改造、跌水复氧、生态护岸、植物恢复等。对岩洞沟水库坝前污泥进行清淤，建设表流湿地 3 000 m^2。加大林地建设，巩固退耕还林 1 万亩①，新增退耕还林 1.5 万亩，人工造林 1 万亩，封山育林 8 万亩，重点公益林面积达到 2 万亩。

（3）系统治理农村面源污染。

在神定河流域上游 40 个行政村实施农村环境连片综合整治，包括污水收集处理、垃圾收集转运、污染库塘填土及种植业、养殖业的面源污染治理等；加强对上游及沿线"农家乐"、餐馆等的日常管理，确保污水处理设备正常使用，关闭不达标排放者。修复提升重金属污染耕地面积 3 000 亩，其中：张湾区汉江路街道 1 000 亩、红卫街道 1 000 亩、花果街道 1 000 亩。

（4）加强河道生态补水。

生态补水是保证枯水期神定河水质达标的必要措施，进一步研究论证利用百二河和岩洞沟水库（可调蓄库容 348 万 m^3）或考虑从黄龙滩水库（库容 10.15 亿 m^3）调水进行河道生态补水（拟在枯水期为神定河提供 1 个月每天 11.6 万 m^3 的生态用水量）。

6.2 犟河控制单元

6.2.1 问题分析

犟河控制单元包括张湾区 2 个乡镇。2012—2014 年，单元出口的东湾桥断面水质均为劣 V 类，主要污染指标为氨氮和总磷，三年平均值分别超出Ⅲ类水质标准的 2.20 倍和 2.15 倍。具体见表 6-2 和图 6-2。

经污染源解析，东湾桥断面水质较差的主要原因为犟河支流流域未建设污水配套管网，同时混流制的污水收集系统导致污水处理厂处理效率偏低。目前，西部污水处理厂设计处理规模为 5 万 t/d，现实际运营能力为 4.2 万 t/d，其中污水入管量约为 1.63 万 t/d，清水入管量约为 2.57 万 t/d，污水管网混流率达 61.2 %，严重影响了污水处理厂的处理效率，导致大量污水直排环境。

---

① 1 亩 = 0.066 7 hm^2。

表 6-2　东湾桥断面水质评价结果

年份	主要污染物浓度/（mg/L）		水质类别	超标倍数
	氨氮	总磷		
2012	4.67	0.40	劣Ⅴ	氨氮（3.67）、总磷（1.00）
2013	2.10	0.33	劣Ⅴ	氨氮（1.10）、总磷（0.65）
2014	2.84	1.15	劣Ⅴ	氨氮（1.84）、总磷（4.75）
三年平均	3.20	0.63	劣Ⅴ	氨氮（2.20）、总磷（2.15）

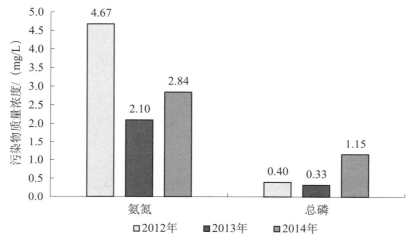

图 6-2　东湾桥断面主要污染物各年平均质量浓度

6.2.2　目标与思路

目标：到 2020 年，东湾桥断面水质需达到氨氮≤3.5 mg/L，总磷≤0.5 mg/L，其他指标为Ⅳ类。

治理思路：近期（2015—2017 年）以实施排污口清污分流和建设支流污水管网为主，实现"污水接管、清水还河"。远期（2018—2020 年）开展污水处理厂扩容改造，重点加强农村面源污染整治，并实施河道生态修复工程，逐步恢复河流水生态系统，确保东湾桥断面水质稳定达到目标要求。

6.2.3　治理方案

近期（2015—2017 年）：

（1）实施排污口清污分流工程。对大西沟、鲍花沟、财神沟、阳家沟、柏林沟、张家沟、方山沟、犟河干流 8 条河沟排污口实施清污分流，对城市 1 000 户以上居民的小区的污水收集系统进行改造，实现黑灰水分类收集。工程实施后，可收集约 4 060 t/d 的生活污水，污水混流率从 61.2% 降到 23.6%，并可间接削减 COD 564 t/a、氨氮 52.1 t/a。

（2）建设污水处理配套管网。以建设一路、风神大道一期、装备路、犟河左右岸、建设大道 5 条线路为重点，建设污水收集系统，新建管网 156 km。

远期（2018—2020 年）：

（1）开展城镇生活污水提标改造建设。对花果污水处理厂尾水进行深度处理，出水达到地表水 IV 类标准，对西部污水处理厂尾水进行处理，规模为 4 万 t/d，出水执行地表水 IV 类标准。

（2）推进再生水利用。将西部污水处理厂深度处理工程的出水作为十堰市京能热电厂循环冷却水及附近城市杂用水（绿化用水、马路冲洗用水）。

（3）开展农村面源污染整治。以犟河周边 34 个行政村为重点，实施在居民小区建设简易式污水处理设施、对散居的村民建设净化沼气池或庭院式人工湿地以及建设农村垃圾收集转运系统等农村环境连片综合整治措施。

（4）实施生态修复工程。对犟河入库前 2 km 河道开展生态修复和建设 3 000 亩生态湿地，对深度处理厂排放尾水及犟河入河污染物排放量进一步削减。加强水土流失治理，面积达到 35 km²。加大林地草地建设，新增退草还林 3 000 亩，封山育林 14 万亩。防火隔离带建设 70 km。

6.3　剑河控制单元

6.3.1　问题分析

剑河控制单元包括丹江口市武当山特区。2012—2014 年，单元出口的剑河口断面水质为 V 类，主要污染指标为石油类、氨氮和 COD，三年平均值分别超出 III 类水质标准的 2.80 倍、0.92 倍和 0.04 倍。具体见表 6-3 和图 6-3。

表 6-3　剑河口断面水质评价结果

年份	主要污染物质量浓度/（mg/L）				水质类别	超标因子（超标倍数）
	COD$_{Cr}$	氨氮	总磷	石油类		
2012	19.00	2.73	0.12	0.29	劣 V	氨氮（1.70）、石油类（4.80）
2013	22.46	1.52	0.08	0.26	V	COD（0.12）、氨氮（0.52）、石油类（4.30）
2014	23.97	1.51	0.20	0.02	V	氨氮（0.51）、总磷（0.02）、COD（0.20）
三年平均	21.81	1.92	0.13	0.19	V	COD（0.04）、氨氮（0.92）、石油类（2.80）

经污染源解析，造成剑河口断面水质较差的主要原因为岸边与支沟污水管网（特别是支管）建设滞后及武当山污水处理厂排放标准较低。剑河流域排污口主要分布在支沟上，支沟沿岸上分布许多排污口，通神沟、铁家沟、大塘沟、北天门沟、屈家沟等支沟两岸均未布设污水截污干管，沿岸排污口污水全部直接排入支沟，经支沟每天约

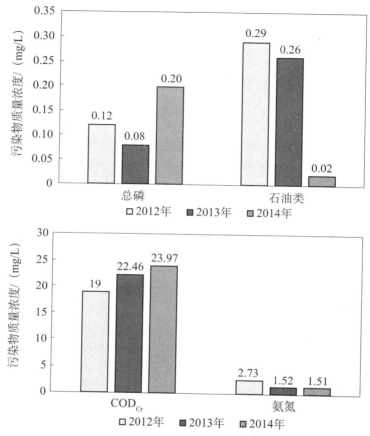

图 6-3 剑河口断面主要污染物各年平均质量浓度

有 2 645 m³ 污水直接排入剑河;同时,武当山污水处理厂设计规模为 1.4 万 t/d,现实际运营能力为 1.0 万 t/d,污水通过管网收集量约为 0.9 万 t/d,污水处理厂负荷率不足 75 %;另外,该厂尾水直接排入剑河湿地,距离剑河口断面较近,河流自净作用有限,对剑河口断面水质影响较大。

6.3.2 目标与思路

目标:到 2020 年,剑河口断面水质达到 III 类。

治污思路:近期(2015—2017 年)以整治武当山特区污水直排为重点,全面整治支沟及入河排污口,建设截污干管和支管网,实现"污水接管、清水还河"。远期(2018—2020 年)推进武当山污水处理厂提标改造,减少污染物排放,同时,开展河道内源污染治理及生态修复,加强剑河 6 个行政村(社区)农村面源污染整治,并通过水资源调度，实施生态补水增加河道流量，确保剑河口断面水质稳定达到目标要求。

6.3.3　治理方案

近期（2015—2017 年）：

（1）加强入河排污口整治。整治 9 条支沟共 29 个排污口，入河排污口附近没有市政污水管网时，在排放口设小型污水处理设施；入河排污口附近有市政污水管网时，收集污水进入现污水管道。

（2）建设截污干管和配套支管网。结合入河排污口整治，沿支沟铺设截污干管，收集入河排污口污水，建设截污干管 35.9 km，配套二级支管网建设 27 km，工程实施后，可多收集 1 150 t/d 的生活污水，分离出 1 000 t/d 的清水，总收水量达 11 250 t/d，间接新增削减 COD 224 t/a、氨氮 18.1 t/a。

远期（2018—2020 年）：

（1）推进武当山污水处理厂提标改造建设。实施污水处理厂扩建工程，处理能力由 1.4 万 t/d 增加至 2.1 万 t/d。出水由一级 B 标准提升至地表水 Ⅳ 类标准，然后排入剑河湿地，通过提高污水处理厂排放标准，减少污染物排放。

（2）河道内源污染治理及生态修复。在剑河下游 4 km 主河道及河口区实施污泥清除、基底改造、跌水复氧、植物恢复等。加大水土流失治理力度，在左察沟、瓦房河、水磨河、小寨子河、寨南沟、红桐河等小流域内建设人工湿地、稳定塘及护坡。

（3）农村面源污染整治。在剑河流域太子坡、磨针井村、溜西门、土门农队、杨家畈、石家庄 6 个行政村实施农村面源污染整治，包括污水收集处理、垃圾收集转运及种植业、养殖业的面源污染治理等，减少农村面源污染排放。

（4）河道生态补水。生态补水是保证枯水期剑河水质达标的必要措施，考虑论证从剑河水库（库容 255 万 m³）调水进行河道生态补水（拟在枯水期为剑河提供 2 个月每天 1.61 万 t 的生态用水量）。

6.4　泗河控制单元

6.4.1　问题分析

泗河控制单元包括茅箭区 5 个乡（街道）。2012—2014 年，单元出口的泗河口断面水质为劣 Ⅴ 类，主要污染指标为氨氮、总磷及 COD，三年平均值分别超出地表水 Ⅲ 类标准的 4.40 倍、1.65 倍和 0.37 倍（表 6-4）。氨氮及总磷为首要污染指标，其年均质量浓度值变化不大（图 6-4）。

表6-4　泗河口断面水质评价结果

年份	主要污染物浓度/（mg/L）			水质类别	超标倍数
	氨氮	COD	总磷		
2012	5.14	27.1	0.37	劣Ⅴ	氨氮（4.14）、总磷（0.85）、COD（0.36）
2013	6.50	29.5	0.51	劣Ⅴ	氨氮（5.50）、总磷（1.55）、COD（0.48）
2014	4.56	25.7	0.70	劣Ⅴ	氨氮（3.56）、总磷（2.50）、COD（0.29）
三年平均	5.40	27.4	0.53	劣Ⅴ	氨氮（4.40）、总磷（1.65）、COD（0.37）

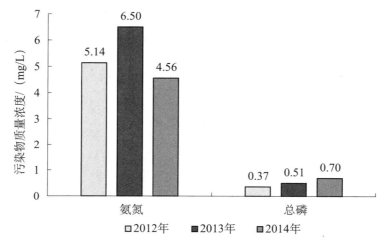

图6-4　泗河口断面主要污染物各年平均质量浓度

经污染源解析，造成泗河口断面水质较差的主要原因为雨污合流收集系统导致大量污水未处理，以及部分区域污水管网建设滞后，污水直排入河。泗河污水处理厂设计规模为5万 t/d，现实际运营能力为4.2万 t/d，其中污水量约为1.88万 t/d（污水产生量约为2.7万 t/d），雨水量约为2.32万 t/d，污水管网混流率达到55.4%，严重影响污水处理厂处理效率，导致大量污水溢流直排。

6.4.2　目标与思路

目标：到2020年，泗河口断面水质需达到氨氮≤3.5 mg/L，总磷≤0.5 mg/L，其他指标为Ⅳ类。

治污思路：近期（2015—2017年）以实施排污口清污分流和完善部分区域污水收集系统为主，实现"污水接管、清水还河"；远期（2018—2020年）重点推进实施泗河污水处理厂扩建及提标改造，加强农村面源污染整治，并实施河道生态修复工程，逐步恢复河流水生态系统，同时实施生态补水，增加稀释流量，确保泗河口断面水质稳定达到目标要求。

6.4.3　治理方案

近期（2015—2017 年）：

（1）实施排污口清污分流工程。对桐树沟、小河、石家沟、七里沟、黄蜡沟、战马沟、脂肪沟、韩家沟、车站沟、张家楼沟、汽配城沟、胡家沟、青岩洞沟、梅子沟 14 条截污不彻底的支沟实施排污口整治，实现源头清污分流。工程实施后，可收集约 5 150 t/d 的生活污水，混流率从 55.4% 降到 20.8%，并间接削减 COD 373 t/a、氨氮 95.1 t/a。

（2）污水收集系统新建与改造。对龙门二路、东沟、规划北部外环路、泗河沿河路、浙江路跨高速公路延长线、辽宁路、林荫大道二号线 7 条线路实施污水收集干管新建与改造，新增污水收集管网 132 km。

远期（2018—2020 年）：

（1）推进实施泗河污水处理厂扩建及提标改造。实施污水处理厂扩建工程，处理能力由 5 万 t/d 增加至 10 万 t/d。出水达到地表水 Ⅳ 类标准。

（2）实施河道生态修复工程。对泗河城区段（包括马家河 6.5 km 河道和茅塔河 7.5 km 河道）以及泗河下游入库前 5 km 河道开展生态修复。加大水土流失治理力度，在东沟、茅塔河、田湖堰河、马家河等小流域内建设人工湿地、稳定塘及护坡。治理水土流失面积 17 km^2。

（3）农村面源污染整治。以泗河周边 40 多个行政村为重点，实施在居民小区建设集中式人工湿地及污水收集管网、对散居的村民建设净化沼气池或庭院式人工湿地、建设农村垃圾收集转运系统等农村环境连片综合整治措施。

（4）河道生态补水。通过茅塔河水库拦蓄上游雨洪，为茅塔河城区段及下游泗河干流补给生态用水，补水时长约为 2 个月，补水量约为 7.35 万 m^3/d。工程实施后，可显著提升泗河口断面水质。

6.5　库周南阳控制单元

6.5.1　问题分析

库周南阳控制单元包括河南省邓州市 1 个乡镇、内乡县 2 个乡镇及淅川县 7 个乡镇，其控制断面为陶岔、宋岗断面，考核方法为求其两断面平均值进行考核。2012—2014 年，陶岔断面水质总体良好，类别为 Ⅰ～Ⅱ类，但总氮指标比 2010 年有所升高；2014 年，宋岗断面水质总体良好，类别为 Ⅱ类。

该控制单元内无大型企业及城镇生活污染，主要污染源来自农业面源及农村生活污染，库周区域面源污染所占比重超过 50%，水库水质总氮浓度比"十一五"明显升高。该控制单元属于库区的缓冲带和屏障,因此需要加强面源污染防治、生态维护等工作,削减入库污染负荷。

该控制单元内面源污染压力较大,单元内耕地面积约为 37 万亩,年化肥投入量均为 1.4 万 t(折纯),用量最大的是氮磷化肥,化肥的使用方法多为抛洒浅施且一年多次施用。按全国平均 30 % ~ 40 % 的利用率推算,年流失量达 0.42 万 ~ 0.56 万 t。同时,农药的使用除去 40 % 被农作物及虫害吸收分解外,大部分残留在土壤渗到地下水或随雨水径流流入库区,造成水体污染。

畜禽、水产等养殖对库区水体也存在一定影响,畜禽散养情况普遍,粪便简单处理率不到 60 %,大量粪便污水随意排放,库区内水产围网养殖、投饵养殖现象普遍存在,氮、磷、COD 等大量营养物质直接或间接排入库区,造成水质污染。

单元内人口数量约为 30 万人,基本为农村人口,农村污水垃圾等污染物排放对丹江口库区水体也产生一定的影响。

6.5.2　目标与思路

目标:到 2020 年,考核陶岔、宋岗断面各指标平均值,评价水质稳定达到 Ⅱ 类,总氮浓度平均值与 2010 年基本持平。

治理思路:以控制农业面源污染及农村环境综合整治为重点,有效控制种植、养殖等面源污染及农村污水垃圾的排放;加大生态维护力度,提倡生态农业、绿色发展,提升水生态环境质量,确保陶岔、宋岗断面水质稳定达到目标要求。

6.5.3　治理方案

(1)种植业污染防治

力争到 2020 年农业污染得到有效遏制,确保测土配方施肥技术覆盖率达 90 % 以上,农作物病虫害绿色防控覆盖率达 30 % 以上,肥料、农药利用率均达到 40 % 以上,主要农作物化肥、农药使用量实现零增长。

调整种植业结构与布局,重点发展生态经济兼备型植物(作物),推广无公害、绿色、有机标准化生产技术。

减少农药、化肥施用量,初步测算科学测土施肥的面积和化肥施用量的减少量,大力推广测土配方施肥技术,推进有机肥的使用,制订限量施肥方案,选择适宜施肥时期,引进多功能高效施肥器,快速、精准、高效地施用肥料,探索替代化学农药方法工艺,推广低毒、高效、环境友好型农药,重点在淅川县老城镇、香花镇、九重镇、盛湾镇、仓房镇、马蹬镇、滔河乡 7 个乡镇开展种植污染综合治理工程,积极探索平衡施肥技术、增施有机肥、农艺防治等技术措施,通过化肥和农药减施、生态拦截、农药替代，改变不合理种植方式。建设淅川县及内乡县面源整治示范区。

大力发展生态农业，在库区周围以发展生态农业、有机农业为方向，通过化肥和农药减施甚至不施，在保障农民收益不降低的同时，引导农业清洁生产。

（2）畜禽养殖污染治理

加强畜禽养殖污染，科学划定畜禽养殖禁养区，依法关闭或搬迁禁养区内的畜禽养殖场（小区）和养殖专业户，重点开展畜禽养殖清粪方式改造。实施内乡县畜禽粪便集中处理工程项目，建设年处理 50 万 t 的畜禽粪便处理中心及其配套设施。

提倡生态养殖，因地制宜推广畜禽粪污综合利用技术模式，包括粪污收集贮存设施及粪污处理利用设施等。坚持"减量化、无害化、资源化"原则，与当地的种植业、林业生产有机结合，实现畜禽养殖业与种植业协调发展。

（3）水产养殖污染治理

有效防治水产养殖污染，全面取缔丹江口湖库内网箱及网拦库汊养殖清理工作，在清理过程中，应合理制定补偿标准并严格按照标准对养殖户进行补偿。

推广水产清洁养殖技术，包括自净式循环水养殖技术，依据水域生态学原理，对老鱼池进行改造，构建生态高效、循环低耗的自净式池塘循环集约化水养殖系统；食物链生态养殖技术，选择当地适合的水生植物、水生动物（合适的养殖品种）和底栖动物进行水产养殖，构建一个不需要外投饵料的自循环生态系统。

（4）农村生活污染治理

单元内的 40 个行政村开展农村环境综合整治建设。

开展村镇生活污水治理。农村生活污水处理优先选用投资少、运行费用低或无运行费用、氧化塘等处理效果好的生态处理技术。建立村庄生活污水治理设施长效管理机制，保障已建设施正常运行。

开展垃圾分类试点工作，按照"户分类、村集中、镇中转、县处理"方式，各行政村完成建设农村垃圾收集处理站，有机垃圾、农作物秸秆和人畜粪便混合发酵处理后作为肥料还田利用。

（5）维护库区生态环境

对新增淹没区采取库滨带生态修复措施，加强环库淅川县 7 个乡镇的生态林建设，形成天然生态屏障，有效减少氮、磷等污染物入库总量。在水源区坡耕地退耕还林 2 万亩，治理水土流失面积 200 km²，加强林地建设，建设天然林保护 12 万亩，公益林保护 6.5 万亩，建设水源涵养林基地。建设入丹江口水库滔河河口、黄水河河口、樵峪河河口、老灌河河口 4 处湿地。

6.6　库周十堰控制单元

6.6.1　问题分析

库周十堰控制单元包括湖北省十堰市郧县的 3 个乡镇及丹江口市 12 个乡镇（街道），其控制断面为坝上中、何家湾、江北大桥、五龙泉 4 个断面，考核方法为求其 4 个断面平均值进行考核。2012—2014 年，上述 4 个断面水质类别均基本维持在 Ⅱ 类，水体总体良好。

该控制单元主要污染源来自农业面源，污染所占比重超过 50 %，水库水质总氮浓度比"十一五"明显升高，总氮的排放主要来自农业面源。该控制单元属于库区的缓冲带和屏障，因此需要加强面源污染防治、生态维护等工作，削减入库污染负荷。

该控制单元内面源污染压力较大，单元内人均常用耕地面积仅 0.7 亩，低于全国 1.43 亩及湖北省 0.96 亩的平均水平。因山多地少，农民主要依靠增加化肥投入和复种指数来增加产量、提高收入，农药化肥施用量的 30 % 以上未经有效利用流失到自然环境中，同时，十堰市地处山区，地形、地貌复杂，降雨时空分布严重不均，水土流失面积大，将大量土壤中残留的化肥、农药通过地表径流带入水库，从而加剧对水源地水体造成的面源污染。

畜禽、水产等养殖对库区水体也存在一定影响，畜禽散养情况普遍，粪便简单处理率不到 60 %，大量粪便污水随意排放，库区内水产围网养殖、投饵养殖现象普遍存在，氮、磷、COD 等大量营养物质直接或间接排入库区，造成水质污染。

单元内生活污水排放对丹江口库区水体也产生一定的影响，丹江口市六里坪镇、均县镇、习家店镇、三官殿街道、凉水河镇、石鼓镇、蒿坪镇、丁家营镇、土关垭镇等均建有污水处理厂，出水执行 GB18918 一级 B 排放标准，其配套管网建设仍不完善，部分生活污水未收集直接排出，同时农村污水垃圾处理设施建设仍需完善。

6.6.2　目标与思路

目标：到 2020 年，考核坝上中、何家湾、江北大桥、五龙泉 4 个断面各指标平均值，评价水质稳定达到 Ⅱ 类，总氮浓度平均值与 2010 年基本持平。

治理思路：以加强库周的农业面源污染治理及乡镇生活污染处理设施建设为重点，有效减少污染物入库量；加大生态维护力度，有效恢复水生态环境，提倡生态农业、绿色发展，确保坝上中、何家湾、江北大桥、五龙泉 4 个断面水质稳定达到目标要求。

6.6.3 治理方案

（1）种植业污染防治

力争到 2020 年农业污染得到有效遏制，确保测土配方施肥技术覆盖率达 90％以上，农作物病虫害绿色防控覆盖率达 30％以上，肥料、农药利用率均达到 40％以上，主要农作物化肥、农药使用量实现零增长。

减少农药、化肥施用量，大力推广测土配方施肥技术，推进新型肥料产品研发与推广，集成推广种肥同播、化肥深施等高效施肥技术，不断提高肥料利用率。积极探索有机养分资源利用有效模式，鼓励开展秸秆还田、种植绿肥、增施有机肥，合理调整施肥结构，引导农民积造施用农家肥。结合高标准农田建设，大力开展耕地质量保护与提升行动，着力提升耕地内在质量。重点在丹江口市土关垭镇、丁家营镇、六里坪镇、均县镇、习家店镇、蒿坪镇、石鼓镇、凉水河镇、土台乡及郧县安阳镇、白桑关镇、青山镇等乡镇开展种植污染综合治理工程，积极探索平衡施肥技术、增施有机肥、农艺防治等技术措施，通过化肥和农药减施、生态拦截、农药替代，改变不合理种植方式。

大力发展生态农业。在库区周围以发展生态农业、有机农业为方向，通过化肥和农药减施甚至不施，在保障农民收益不降低的同时，引导农业清洁生产。

（2）畜禽养殖污染治理

加强畜禽养殖污染，科学划定畜禽养殖禁养区，依法关闭或搬迁禁养区内的畜禽养殖场（小区）和养殖专业户，重点开展畜禽养殖清粪方式改造，因地制宜推广畜禽粪污综合利用技术模式。

推行标准化规模养殖，配套建设粪便污水贮存、处理、利用设施，改进设施养殖工艺，完善技术装备条件，鼓励和支持散养密集区实行畜禽粪污分户收集、集中处理。建设规模化畜禽养殖小区畜禽粪便无害化处理及综合利用示范点 30 个。

（3）水产养殖污染治理

有效防治水产养殖污染，全面取缔丹江口湖库内网箱及网拦库汊养殖清理工作，在清理过程中，应合理制定补偿标准并严格按照标准对养殖户进行补偿。拆除丹江口库区网箱 26 800 只、拆除丹江口拦汊养殖 6.33 万亩、改造渔船 810 艘。

加强水产健康养殖示范场建设，推广工厂化循环水养殖、池塘生态循环水养殖及大水面网箱养殖底排污等水产养殖技术。

推广水产清洁养殖技术，包括自净式循环水养殖技术，依据水域生态学原理，对老鱼池进行改造，构建生态高效、循环低耗的自净式池塘循环集约化水养殖系统；食物链生态养殖技术，选择当地适合的水生植物、水生动物（合适的养殖品种）和底栖动物进行水产养殖，构建一个不需要外投饵料的自循环生态系统。在均县镇、凉水河镇、习家店镇、丹赵路、三官殿、新港等地改造建设生态精养鱼池 1 500 亩,达到高产、高效、安全的标准;对水产养殖过程中产生的污水、废水经行无害化处理,建设相应的处理设施。

(4)乡镇生活污染治理

加大丹江口市六里坪镇、均县镇、习家店镇、三官殿街道、凉水河镇、石鼓镇、蒿坪镇、丁家营镇、土关垭镇及郧县安阳镇、白桑关镇、青山镇等地区污水处理管网建设,建设配套管网 100 km,加大生活污水收集量。

对单元内 170 个行政村实行农村环境综合整治工程,建设污水处理站,选择无动力或微动力的处理工艺,建设垃圾处理站,有机垃圾、农作物秸秆和人畜粪便混合发酵处理后作为肥料还田利用。

(5)维护库区生态环境

对新增淹没区采取库滨带生态修复措施,加强环库丹江口市 12 个乡镇(街道)的生态林建设,形成天然生态屏障,有效减少氮、磷等污染物入库总量。治理水土流失面积 280 km^2,新增退耕还林面积 7 000 hm^2,封山育林 20 万亩。

6.7 库尾湖北控制单元

6.7.1 问题分析

库尾湖北控制单元包括郧西县和郧阳区(原郧县)共计 12 个乡镇和 2 个场(郧西县双堰园艺场和郧阳区原种场)。汉江为单元内主要河流,陈家坡断面为汉江入库断面。2012—2014 年,单元出口的陈家坡断面水质为Ⅱ类,水质为优,但断面总氮质量浓度一直保持在较高水平,具体见表 6-5。

表 6-5   陈家坡断面总氮质量浓度   单位:mg/L

年份	2012 年	2013 年	2014 年	2015 年
总氮质量浓度	1.627	1.792	1.633	1.602

该单元共有尾矿库 10 座,其中郧西县 7 座、郧阳区 3 座,以铁矿尾矿库为主,全部是病库或险库(表 6-6)。同时,库区蓄水水位达到 170 m 后,该单元的郧阳区主城区紧邻库周,也是影响水库供水安全的潜在风险源。

表 6-6   库尾湖北控制单元内尾矿库情况

区县	乡镇	尾矿库名称	安全度
郧西县	马鞍镇	湖北泰丰矿业有限公司徐家湾铁矿尾矿库	病库
		郧西县长信矿业柳吉沟铁矿尾矿库	病库
		郧西县马安金鑫矿业有限公司疙瘩寺矿区尾矿库	险库

续表

区县	乡镇	尾矿库名称	安全度
郧西县	马鞍镇	郧西人和矿业有限公司桥儿沟尾矿库	病库
		郧西天石矿业有限公司顺利沟尾矿库	险库
		郧西金塔矿业有限公司马安镇解家河尾矿库	险库
	涧池乡	郧西县金源矿业有限公司赵家院磁铁矿尾矿库	病库
郧阳区（郧县）	杨溪铺镇	郧县云彩山矿业工贸有限公司云彩山尾矿库	险库
		郧县伏源矿业有限公司杨溪铺镇尾矿库	险库
		武汉市武昌万路达商贸有限公司郧县分公司伏山尾矿库	险库

6.7.2　目标与思路

目标：提高丹江口水库饮水安全保障水平。重点防范尾矿库环境隐患，提升环境风险防范水平。加强污染治理，保障单元水环境质量不退化。

防治思路：加强病险库风险防范。结合《深入开展尾矿库综合治理行动方案》（安监总管〔2013〕58号）的相关要求，坚持安全环保与效能并重的原则，分尾矿库隐患治理与尾矿库生态恢复两部分实施病险库风险防范。尾矿库隐患治理注重按照《尾矿库安全技术规程》等有关安全文件要求，消除尾矿库工程、技术层面的安全隐患。尾矿库生态恢复注重实施矿山生态保护、恢复工程及尾矿库综合利用，多措并举，建设绿色矿山。同时，进一步加大郧阳区污水和垃圾治理力度，强化河道污染控制，保障单元水环境质量稳定达标。

6.7.3　治理方案

（1）尾矿库隐患治理

在郧西县马鞍镇、郧阳区杨溪铺镇重点开展病险库隐患治理，逐一制订病险库治理方案，明确治理进度，确保治理到位；深入开展黄畈河、仙人河及单元内丹江口库区消落带区域"三边库"、"头顶库"排查，明确隐患点、治理期限、责任人等，对风险程度高、发生事故危害程度大的尾矿库进行重点治理和监管。到2020年，完成所有病险库的隐患治理工作。

（2）尾矿库生态恢复与治理

郧西县湖北泰丰矿业有限公司、郧阳区郧县云彩山矿业工贸有限公司等应依据《矿山生态环境保护与恢复治理方案编制导则》（环办〔2012〕154号），编制和实施《矿山生态环境保护与恢复治理方案》，通过实施矿山生态保护与恢复工程，依据不同的尾矿性质选择不同的技术方法，综合运用植物材料覆盖、营养袋容器苗等技术，优先选择乡土树种、耐瘠薄、抗逆性强的树种（如沙棘、紫穗槐、旱柳、刺槐、马鞭草、铁线草、夹竹桃等物种），实施生态植被恢复，植被恢复后期应加强绿化造林的管理维护。注重防洪、集雨工程建设，避免雨洪冲刷和水土流失。

（3）污染源综合治理

进一步完善农村生活污染整治，确保污水垃圾收集处理全覆盖。对郧西县的夹河镇、羊尾镇、景阳镇垃圾处理场开展垃圾渗滤液处理工程建设。加强乡镇污水处理提标改造，每个乡镇增加配套管网 5 km。在夹河镇、羊尾镇、景阳乡、关防乡、湖北口乡的 76 个中心村开展垃圾收集项目建设及中心村污水处理站建设，增加配套管网 380 km。同时加强夹河移民安置区、上津伍峪坪、上津镇政府等乡村排污口综合整治，严格污染物排放。

加强面源污染防治，在 96 个中心村推广"菜（粮）-猪-沼"、"瓜（菜）-草-牧-沼"、"果（菜）-草-牧-沼"循环模式，提升土壤有机质，推广生物农药，减少农业面源污染。开展归仙河、箭流铺、龙潭河等生态清洁型小流域治工程，治理水土流失 21.61 km²。实施退耕还林 5.96 万亩、退耕还草 2 万亩。

（4）加强风险源管控

强化富源油脂有限责任公司、郧县化肥厂、郧县水泥厂等临近 170 m 蓄水范围的工业企业的风险排查与防范，制定应急预案。开展道路危险化学品运输安全管理，对通过沿江大道、汉江大道等运输有毒有害或危险化学品的车辆实行限流、限量、登记等措施，确保供水安全。

规划骨干工程项目 19 个，估算投资 7.94 亿元。库尾湖北控制单元陈家坡断面水质保持 Ⅱ 类。

6.8 老灌河西峡控制单元

6.8.1 问题分析

老灌河西峡控制单元所属河南省西峡县，含白羽街道、紫金街道、莲花街道、双龙镇、回车镇、丁河镇、桑坪镇、米坪镇、五里桥乡、石界河乡、军马河乡、二郎坪乡、太平镇乡、南阳市黄石庵林场 14 个乡镇（街道）。老灌河为单元内主要河流，于回车镇党子岭入淅川县境后流入丹江口水库。

单元内控制断面为西峡水文站。2012—2015 年，西峡水文站断面总体为 Ⅱ～Ⅲ类，水质良好。具体指标中，除 COD、高锰酸盐指数主要为 Ⅱ～Ⅲ类，其他指标常年基本保持在 Ⅰ～Ⅱ类。2012—2015 年，TN 年均值浓度有逐年上升趋势，2013—2014 年氨氮年均值较 2012 年相比，有较大幅度上升。具体指标年均值变化情况见表 6-7。

表6-7　西峡水文站断面2012—2015年主要水质指标年均变化情况　　单位：mg/L

年份	COD	高锰酸盐指数	TN	TP	氨氮
2012	15.66	3.595	1.143	0.066	0.081
2013	14.79	3.300	2.440	0.065	0.279
2014	15.10	2.930	2.620	0.069	0.279
2015	12.74	3.000	2.810	0.057	0.232

注：2012年为5—12月监测数据。

根据2011—2014年环境统计数据，单元内COD和氨氮主要来源于生活污染和规模化畜禽养殖，工业污染所占比例较小。2014年，畜禽养殖COD、氨氮分别占总排放量的62.3%、73.4%，生活COD、氨氮分别占总排放量的33.2%、24.3%，工业COD、氨氮仅占4.5%、2.3%。

2011—2014年，单元内规模化畜禽养殖COD、氨氮、TN、TP的排放量均呈现逐年上升趋势。

2011—2014年，污染物排放情况见表6-8～表6-10。

表6-8　工业污染物排放量　　单位：t

年份	工业COD	工业氨氮
2011	217.7	7.48
2012	131.0	6.26
2013	130.5	6.26
2014	103.7	6.69

表6-9　城镇生活污水处理厂污染物产生、排放情况　　单位：t

年份	COD排放量	氨氮排放量	总氮产生量	总磷产生量
2011	1 113.55	328.82	554.201	38.459
2012	1 388.33	214.49	612.74	43.142
2013	1 289.24	198.35	646.722	45.534
2014	1 434.86	218.70	663.533	46.718

表6-10　单元内规模化畜禽养殖场污染物排放情况　　单位：t

年份	COD排放量	氨氮排放量	总氮排放量	总磷排放量
2011	553.15	51.29	252.52	44.55
2012	617.67	58.46	281.08	51.12
2013	626.70	64.44	304.30	55.32
2014	764.89	72.50	377.67	75.91

2014年，西峡县生活污水产生量为1 049.47万t，西峡县污水处理厂处理量为823.83万t，处理率为78.5%，距离县城污水处理率不低于90%的目标还有一定差距。

单元内生猪、羊等数量逐年扩大，养殖场总氮、总磷的排放量呈逐年上升趋势，可能是导致河流总氮浓度上升的主要因素。

6.8.2 目标与思路

目标：到 2020 年，西峡水文站断面水质达到Ⅱ类。

防治思路：近期（2015—2017 年）建设西峡县污水处理厂脱氮除磷设施，在污水处理厂出水口建设人工湿地，减少氮磷入河量；加强规模化畜禽养殖场的粪污治理，对 500 头标准猪以上的养殖场要求达到 90 % 的处理率。远期（2018—2020 年）加强单元内县级、乡镇级污水处理厂提标改造，达到 GB 18918 一级 A 排放标准；加强污水支管建设，提高污水收集率和处理率。推进老灌河支流北小河、泥河、古庄河等河道内源污染治理及生态修复，加强农村面源污染整治，确保西峡水文站断面水质稳定达到目标要求。

6.8.3 治理方案

近期（2015—2017 年）：

（1）加强污水处理厂及配套管网建设。加强西峡县产业集聚区污水处理厂建设，开展西峡县污水处理厂深度处理处理，完善西峡县城区污水管网系统，新增污水管网 140 km，加强乡镇污水支管建设。全面开展西峡县城区"雨污分流"改造工作。

（2）科学划定禁养区、限养区，严格取缔禁养区内所有养殖场，对限养区养殖场增加污水处理设施，建设畜禽粪便有机肥加工厂等。对重阳镇、丁河镇等集镇区域、老灌河主要入河口，建设农村小型湿地，进一步减少污染物入河量。

远期（2018—2020 年）：

（1）整治老灌河重污染支流河道。对老灌河的支流北小河、泥河、古庄河、八迭河、后岗河共计 13.75 km 的河底淤泥清理、岸坡及底部防护、水生植物净化及管理设施配套等。

（2）整治老灌河入河排污口。全面整治老灌河上西保冶材有限公司、米坪镇污水处理厂、桑坪镇污水处理厂、界河污水处理厂、军马河镇污水处理厂、集镇排污口共 6 个排污口，开展排污口规范化建设，通过河道清淤疏浚、完善岸坡及底部防护工程、水生植物生态化建设，以达到对排放污水进行深度净化、减少污染物总量、提高河水水体水质的目的。加强对排污企业的达标排放监管。

6.9 老灌河淅川控制单元

6.9.1 问题分析

老灌河淅川控制单元包括 3 个县，分别是内乡县、西峡县、淅川县；共 8 个乡镇，分别是西庙岗乡、丹水镇、田关乡、龙城街道、商圣街道、金河镇、上集镇、毛堂乡。控制断面为淅川张营，是西峡县和淅川县交界断面，也是老灌河入丹江口水库断面。具体范围见表 6-11。

表 6-11　老灌河淅川控制单元范围

区县名称	乡镇名称
西峡县	丹水镇、田关乡
淅川县	龙城街道、商圣街道、金河镇、上集镇、毛堂乡
内乡县	西庙岗乡

2012—2015 年，淅川张营断面总体为Ⅱ～Ⅲ类，水质良好（表 6-12）。具体指标中，除氨氮主要为Ⅱ～Ⅲ类，其他指标常年基本保持在Ⅰ～Ⅱ类。2012—2015 年，TN 年均值浓度保持较高水平，TP 年均值浓度总体有上升趋势。具体指标年均值变化情况见表 6-13。

表 6-12　淅川张营断面 2012—2015 年水质状况

年份	2012	2013	2014	2015
水质类别	Ⅱ	Ⅲ	Ⅱ	Ⅱ

表 6-13　淅川张营断面 2012—2015 年主要水质指标年均变化情况　　　单位：mg/L

年份	COD_{Cr}	COD_{Mn}	TN	TP	氨氮
2012	14.35	3.195	1.49	0.056	0.181
2013	14.92	3.440	2.67	0.054	0.622
2014	14.36	2.980	3.21	0.072	0.457
2015	13.40	2.970	2.18	0.063	0.235

注：2012 年为 5—12 月监测数据。

该控制单元内无大型工业企业，根据 2013 年环境统计数据，工业 COD、氨氮排放量分别为 34.82 t、0.015 t。污染物主要来自城镇生活源及农村畜禽养殖面源污染。具体见表 6-14。

表 6-14　2013 年单元污染物排放情况　　　单位：t

类别	COD	氨氮	TN	TP
工业	34.82	0.015	—	—
污水处理厂	237	61.78	55.3	6
畜禽养殖	176.79	24.43	79.02	13.23

2014 年淅川县约有农村人口 56.7 万人，因此，农村生活污水收集和处理是本单元的治理重点。

该控制单元位于库周，是水库的缓冲带和屏障，因此需要加强面源污染防治、生态维护等工作，削减入库污染负荷。

6.9.2   目标与思路

目标：到 2020 年，淅川张营断面水质达到Ⅲ类。

防治思路：近期（2015—2017 年）加强污水处理厂配套管网建设，提高污水收集率和处理率。远期（2018—2020 年）加强单元内县级、乡镇级污水处理厂提标改造，达到 GB 18918 一级 A 排放标准；加强农村面源污染整治，因地制宜建设村镇生活污水处理设施，提倡生态农业，加强种植业面源污染防治，确保淅川张营断面水质稳定达到目标要求。

6.9.3   治理方案

近期（2015—2017 年）：

（1）污水处理厂及配套管网建设。开展淅川县污水处理厂改扩建工程，新增污水处理能力 2.2 万 t/d，达到 GB 18918 一级 A 排放标准。加强污水管网建设，提高收水能力，新建淅川县城北区污水管网、入库内河污水截流收集管网、淅川县污水厂配套管网共 100.6 km。

（2）完善淅川县县城垃圾收运系统，针对库周重点村建设小型垃圾转运站。

（3）加强单元内畜禽养殖污染治理。科学划定畜禽养殖禁养区，依法关闭或搬迁禁养区内的畜禽养殖场（小区）和养殖专业户，重点开展畜禽养殖清粪方式改造，因地制宜推广畜禽粪污综合利用技术模式。

远期（2018—2020 年）：

（1）加大种植业污染治理力度。重点开展有机农业产业基地示范项目。在全县普及推广有机肥使用和农作物病虫草害绿色防治技术，全面开展废旧农膜回收和加工及农村沼气建设，到 2020 年，氮肥使用比重降低到 50% 以下，化学农药使用量降低到 30% 以下，有机肥覆盖面达到 90% 以上，废旧农膜回收率达到 90% 以上。

（2）农村生活污水处理处置。完善毛堂镇等乡镇污水处理厂的配套污水管网建设，建设乡镇污水处理厂污泥收运系统。在村驻地建设村镇生活污水集中处理设施，根据新农村建设总体规划，合理布局污水收集管道；对地理位置较为分散的地区，采用微动力、无动力处理装置，如氧化塘、地埋式无动力净化处理、人工湿地处理技术等。处理后的生活污水可作为灌溉水或其他用途使用，节约水资源，避免污水横流现象。

6.10   丹江陕西省界控制单元

6.10.1   问题分析

丹江陕西省界控制单元所属陕西省丹凤县、山阳县、商南县，共 40 个乡镇，丹江为单元内主要河流，从西北至东南穿越整个单元。荆紫关断面为单元控制断面，也是陕西和河南的跨省界断面，水质目标为Ⅱ类。

2012—2015 年，荆紫关断面水质总体良好，2012—2013 年为Ⅲ类，超标因子为氨氮、总磷；2014—2015 年为Ⅱ类，达到水质目标。但是，荆紫关断面总氮浓度一直较高，属于劣Ⅴ类，2015 年比 2012 年总氮浓度上升 64.6 %。具体情况见表 6-15 和表 6-16。

表 6-15　荆紫关断面 2012—2015 年水质状况

年份	2012	2013	2014	2015
水质类别	Ⅲ	Ⅲ	Ⅱ	Ⅱ

表 6-16　荆紫关断面 2012—2015 年主要污染指标年均值　　　　单位：mg/L

年份	COD_{Cr}	COD_{Mn}	TN	TP	氨氮
2012	15.21	3.368	3.103	0.148 8	0.286
2013	14.78	2.783	2.820	0.062 5	0.613
2014	14.16	2.420	3.398	0.065 8	0.493
2015	13.57	2.940	5.109	0.065 8	0.279

注：2012 年为 5–12 月监测数据。

单元内纳入环统的企业中，其中 40 家企业为黏土砖瓦及建筑砌块制造企业，不外排废水，但排放的氮氧化物可能会通过大气干湿沉降影响水体总氮浓度。还有 16 家石墨和滑石采选企业、铁矿以及其他有色金属采选企业，是工业污染源排放的主要来源，并涉及少量砷、铅等重金属排放，存在一定环境风险。2013 年部分重点工矿企业污染物排放情况见表 6-17。

表 6-17　单元内部分重点工矿企业主要污染物排放情况（2013 年）

企业名称	废水/万 t	COD/t	氨氮/t
某矿业公司	28	100.50	8.01
某矿业公司	209	206.18	119.11
某矿业公司	115	109.44	64.51

丹凤县境内有 3 座尾矿库，设计库容为 155.55 万 m³，现状库容为 51.8 万 m³，目前均已停用，其尾矿种类为铁、铜。

单元内有 1 座污水处理厂——丹凤县污水处理厂，设计处理规模为 1 万 t/d，实际处理量为 60 万 t/a，其负荷率较低，仅为 16.4 %。污水处理厂完成了脱氮除磷设施改造，污水处理标准由国家 1 类 B 级提高到国家 1 类 A 级标准。每年削减总氮 9 t，排放总氮为 21 t。城镇生活污水收集处理设施建设严重滞后，处理能力不足。2014 年，丹凤县常住人口 10.65 万人，按照《第一次全国污染源普查城镇生活源产排污系数手册》（三区 5 类）生活污水产生系数 140L/（人·d）测算，年生活污水产生量为 544.22 万 t。

如果污水处理厂满负荷运转，仅处理水量 365 万 t/a，仍有较大缺口。

单元内总氮排放量为 2 012.2t，其中农业源 1 563.8t，占 77.7%，是总氮排放的主要来源。部分重点畜禽养殖场污染物排放情况见表 6-18。

表 6-18　部分重点畜禽养殖场主要污染物排放量　　　　单位：kg

重点养殖场序号	COD	氨氮	总氮	总磷
1	43 200	8 640	17 760	2 620.8
2	31 540	3 750	18 750	4 740
3	31 680	2 800	8 400	2 960
4	20 185.6	2 400	12 000	3 033.6
5	19 920	2 040	10 200	2 448
6	34 200	6 750	13 875	2 100
7	26 730	2 040	6 120	2 040

6.10.2　目标与思路

目标：到 2020 年，荆紫关断面水质稳定保持 II 类。

治理思路：近期（2015—2017 年）加强污水处理厂及污水管网建设，提高污水收集率和处理率。强化规模化畜禽养殖场的粪污治理，加强尾矿库治理及风险管控。远期（2018—2020 年）加强涉重企业的风险调查评估，加强村镇污水处理设施建设，提高村镇污水的处理率，加强农村面源污染整治，确保荆紫关断面水质稳定达到目标要求。

6.10.3　治理方案

近期（2015—2017 年）：

（1）加强污水处理厂及污水管网建设。在单元内人口较为集中的清油河镇、富水镇等 12 个村镇新建污水处理工程，弥补污水处理缺口。完善污水处理厂收集管网，新增污水管网 147 km；提高污水收集率和处理率。加大污水处理厂污泥资源化利用，实施商南县污泥堆肥项目。

（2）加强尾矿库治理工作，引导企业加大安全投入。健全完善企业安全生产费用提取和使用监督机制，适当扩大安全生产费用使用范围，积极引导企业参与商业保险，提高安全生产费用提取下限标准。支持引导矿山安全避险"六大系统"建设。建立尾矿库闭库安全保证金制度。重点做好丹凤县豪盛矿业有限公司油房沟尾矿库、丹凤县皇台矿业有限公司皇台铜矿尾矿库、丹凤县顺发石墨矿业有限公司清水河尾矿库的治理工作。

（3）加强畜禽养殖污染，提倡生态养殖污染治理，坚持"减量化、无害化、资源化"原则，与当地的种植业、林业生产有机结合，实现畜禽养殖业与种植业协调发展。对王家楼等 13 个养殖小区（场）实施养殖废水处理工程。因地制宜，采取沼气发酵、堆肥还田等形式处理畜禽粪污。

远期（2018—2020 年）：

（1）加强农村面源污染整治。以青山镇、富水镇、风楼镇等 14 个行政村为重点，建设农村垃圾中转收集系统，避免污水垃圾直接入河。加强测土配方施肥及生物农药推广等工作，开展农作物秸秆综合利用项目，减少种植业面源污染排放。

（2）加强涉重企业的风险调查评估，充分评估环境风险，制定涉重企业的风险防范预案及风险防范工程措施。

6.11　汉江陕西省界控制单元

6.11.1　问题分析

汉江陕西省界单元包含 3 个区县，36 个乡镇，具体见表 6-19。羊尾断面是陕西和湖北的跨省界断面，汉江干流为单元内主要河流。

表 6-19　汉江陕西省界控制单元范围

陕西省	白河县	城关镇、中厂镇、构扒镇、卡子镇、茅坪镇、宋家镇、西营镇、仓上镇、冷水镇、四新乡、桃元乡、双河乡、小双乡、大双乡、麻虎乡、白河县林场
	汉滨区	青年路街道、江北街道、关庙镇、石转镇、早阳乡、共进乡、石梯乡、前进乡
	旬阳县	城关镇、棕溪镇、关口镇、蜀河镇、双河镇、吕河镇、段家河镇、构元乡、兰滩乡、仙河乡、庙坪乡、红军乡

2012—2015 年，羊尾断面水质保持 Ⅱ 类，总体为优。具体指标中，氨氮、COD_{Mn}、总磷 3 项指标为 Ⅱ 类，其余指标常年保持 Ⅰ 类。并且，COD_{Mn}、总磷有逐年下降趋势。

羊尾断面总氮浓度较高，2014 年质量浓度为 1.641 mg/L，比 2012 年升高 11.56 %，达到 Ⅴ 类标准。

具体见表 6-20。

表 6-20　2012—2014 年羊尾断面水质情况　　　　　　　　单位：mg/L

年份	水质类别	COD_{Mn}	TN	TP	氨氮
2012	Ⅱ	2.80	1.471	0.076 3	0.169
2013	Ⅱ	2.06	1.698	0.073 8	0.231
2014	Ⅱ	1.34	1.685	0.028 2	0.152
2015	Ⅱ	1.63	1.641	0.035 7	0.134

单元内有环统企业 87 家，其中 15 家已经停产，主要产生污染物的企业有 42 家。工业废水中 COD、氨氮的排放量分别为 534.47 t、20.31 t，产生的重金属主要为汞、

镉、铅，其排放量分别为 3.471 3 kg、13.701 4 kg、154.456 kg（表6-21）。

重金属铅的排放量较大，主要集中在旬阳县的 15 家铅锌矿采选企业、1 家无机酸制造企业、2 家无机盐制造企业；同时，这 15 家铅锌矿采选企业、1 家无机酸制造企业也是重金属镉、汞的主要排放企业。

表6-21　单元内主要污染物排放量（分区县）

区县名称	行业	COD/t	氨氮/t	汞/kg	镉/kg	铅/kg
白河县	化学药品原料药制造	91.59	0.84			
	化学药品制剂制造	6.30				
	蜜饯制作	22.50	0.42			
	其他玻璃制品制造	17.96				
	其他常用有色金属矿采选	16.20				
	其他酒制造	14.07	0.16			
	缫丝加工	6.00	0.26			
	牲畜屠宰	16.99	0.58			
	水泥制造	1.15				
	银矿采选	22.52		0.000 1	0.000 2	0.000 3
	炸药及火工产品制造	7.21				
	白河县小计	222.49	2.26	0.000 1	0.000 2	0.000 3
汉滨区	方便面及其他方便食品制造	0.110 0	0.02			
	其他基础化学原料制造	1.600	1.40			
	缫丝加工	14.960 0	0			
	生物药品制造	0.092 4	0.01			
	汉滨区小计	16.762 4	1.43			
旬阳县	电线、电缆制造	0.16				
	锻件及粉末冶金制品制造	0.6				
	卷烟制造	22.607	0.85			
	其他贵金属矿采选			0.037		
	其他未列明食品制造	43.14	2.3			
	铅锌矿采选	86.031	6.966	3.244 2	1.731 2	95.455 7
	牲畜屠宰	44.21	1.62			
	无机酸制造	12.786	1.97	0.09	11.97	47
	无机盐制造	85.684	2.914	0.1		12
	旬阳县小计	295.218	16.62	3.471 2	13.701 2	154.455 7
总计		534.47	20.31	3.471 3	13.701 4	154.456

单元内有 16 家尾矿库，其中旬阳县 13 家、白河县 3 家。主要为铅锌矿。10 家尾矿库为在用，2 家尾矿库处于在建阶段，2 家尾矿库停用，2 家尾矿库闭库，但仅有 5 家有安全生产许可证。现状库容为 364 万 m³。

单元内有 6 座污水处理设施，其中 3 座是县级污水处理厂，分别是旬阳县污水处理厂、白河县污水处理厂、安康市汉滨区江南城市污水处理厂，设计处理能力 1.5 万 t/d、1.4 万 t/d、6 万 t/d，实际处理量为 328.5 万 t/a、67.5 万 t、837.8 万 t/a，全部为生活污水，具有脱氮除磷能力，但是污水负荷率均较低，分别为 60%、13.2%、38.26%。现有的处理设施存在着配套管网建设滞后，沿江、沿河集镇和村落生活污水集中收集，但未进行达标处理等问题。

具体情况见表 6-22。

表 6-22　单元内污水处理厂基本情况

污水处理厂所在区县	设计处理能力/ （万 t/d）	实际处理量/ （万 t/a）	已有管网长度/kg	运行负荷率/%
旬阳县	1.50	328.50	44.300	60.0
白河县	1.40	67.50	27.000	13.2
汉滨区	6.00	837.80	—	38.3
蜀河镇	0.20	43.80	5.941	60.0
吕河镇	0.20	43.80	10.997	60.0
关口镇	0.05	10.95	5.815	60.0
茅坪镇	0.22	12.00	6.000	14.9
合计	9.57	1 344.35	100	—

城镇生活污水收集处理设施建设严重滞后，处理能力不足。单元内白河县、汉滨区、旬阳县人口约为 169.36 万人，按照《第一次全国污染源普查城镇生活源产排污系数手册》（三区 5 类）生活污水产生系数 140 L/（人·d）测算，年生活污水产生量为 8 654.30 万 t。如果现有污水处理厂满负荷运转，年仅处理水量 3 493.1 万 t，仍有较大缺口。

根据 2013 年环统数据，单元内禽养殖场（户）共计 28 家，涉及 16 个镇，主要为生猪饲养，其中有 8 家养殖场有 50% 以上的干清粪无处理。有 16 家养殖场处理率未达到 90% 的处理要求。畜禽养殖总氮排放量为 126 t，排放量较大，可能对附近水体总氮浓度造成一定影响（表 6-23）。

表 6-23　2013 年环统畜禽养殖情况　　　　　　　　　　　　　　　单位：kg

区县	养殖场个数	氨氮	化学需氧量	总磷	总氮
白河县	1	877.5	4 446	273	1 803.75
仓上镇	1	5 400	27 360	1 680	11 100
城关镇	4	3 510	17 784	1 092	7 215
段家河	1	810	5 400	309.12	1 443
构元	2	4 320	28 800	1 388.8	5 920
关口	2	2 700	15 840	935.2	5 180
关庙镇	4	675	3 420	210	1 387.5

续表

区县	养殖场个数	氨氮	化学需氧量	总磷	总氮
卡子镇	1	2 311.2	15 408	838.88	5 225.88
冷水镇	2	3 282	26 579.2	1 273.52	6 964.1
吕河	1	2 810.7	18 738	1 072.646	5 007.21
麻虎镇	2	2 565	12 996	798	5 272.5
茅坪镇	2	1 822.5	10 530	572.6	3 746.25
宋家镇	1	783	3 967.2	243.6	1 609.5
西营镇	1	864	4 896	271.04	1 776
旬阳县	1	1 890	12 600	721.28	3 367
中厂镇	2	9 825.3	59 454	3 370.22	21 439.095
总计	28	63 643.2	371 358.4	21 206.546	126 400.29

6.11.2 目标与思路

到 2020 年，羊尾断面水质稳定保持Ⅱ类。

近期（2015—2017 年）新建污水处理厂，增加生活污水处理能力；加强尾矿库风险管理，加强规模化畜禽养殖场的粪污治理，对 500 头标准猪以上的养殖场要求达到90% 的处理率。远期（2018—2020 年）加强污水支管建设，提高污水收集率和处理率。加强尾矿库生态恢复与治理，加强涉重企业的风险调查评估，加强农村面源污染整治，确保羊尾断面水质稳定达到目标要求。

6.11.3 治理方案

近期（2015—2017 年）：

（1）加强污水处理厂及配套管网建设。在两河镇、饶峰镇、曾溪镇等 8 个乡镇分别新建污水处理厂，增加处理能力 0.4 万 t/d，完善污水处理厂收集管网，新增污水管网 43.5 km；提高污水收集率和处理率。

（2）加强 16 个尾矿库风险评估与治理。开展单元内尾矿库环境风险评估，重点对红军乡开展病险库隐患治理，逐一制订病险库治理方案，对风险程度高、发生事故危害程度大的尾矿库进行重点治理和监管。到 2020 年，完成所有病险库的隐患治理工作。

（3）加强单元重金属排放量较大企业的污染治理力度。对单元内 15 家铅锌矿采选企业、1 家无机酸制造企业、2 家无机盐制造企业加强重金属铅、镉、汞的污染治理力度，提高废汞触媒、冶炼废渣中重金属的回收率，对废硫酸采取分类收集、贮存和预处理等手段，减少重金属排放量。

远期（2018—2020 年）：

（1）加强尾矿库生态恢复与治理。对已经闭库的陕西汞锑科技有限公司旬阳分公司青桐沟尾矿库、白河县大湾银矿华南沟尾矿库等应依据《矿山生态环境保护与恢复治理方案编制导则》（环办〔2012〕154 号），编制和实施《矿山生态环境保护与恢复治理方案》，保护和恢复矿山生态植被，加强防洪、集雨工程建设，避免雨洪冲刷和水土流失。

（2）加强农村分散型污水处理设施的建设工作，对沿江、沿河集镇和村落生活污水集中收集，达标排放。

（3）对铅排放量较为集中的红军乡推进实施重点区域环境与健康专项调查，开展多种重金属与多种介质的健康风险评估与贡献率分析，明确各区域重金属健康风险管控工作重点。

第 7 章　规划项目研究

7.1　项目类型设置

规划项目类型设置与规划任务相对应，包括点源治理、面源治理、生态保护与建设、风险管控 4 大类项目。其中，点源治理包括工业点源污染治理项目、城镇污水处理及配套设施建设项目、城镇生活垃圾无害化处理设施建设项目 3 小类；面源治理包括种植业污染防治项目、畜禽养殖污染治理项目、水产养殖污染防治项目、农村生活污染治理项目、生态清洁小流域建设 5 小类；生态保护与建设包括小流域综合治理项目、湿地修复项目 2 小类；风险管控包括水源保护区管控项目、尾矿库风险控制项目、流动风险源控制项目、监测和应急能力建设项目 4 小类。

7.2　项目筛选原则

（1）目标明确。项目应与削减水污染物、保护和恢复水生态、防范水环境风险等水污染防治工作密切相关，这是判断项目是否适宜纳入《"十三五"规划》的根本依据。对于只有间接环境效益或属于其他专项规划重点解决领域的，如防洪疏浚、水土保持、植树造林、景观绿化、居民搬迁，以及以扩大生产能力为主要目的的项目，原则上不纳入《"十三五"规划》。

（2）适应需求。项目应针对控制单元的水污染特征、超标因子而设立。从控制总量的需求出发，削减化学需氧量（COD）、氨氮的项目优先；从防范风险的需求出发，削减重金属的项目优先；从缓解水资源紧缺矛盾的需求出发，再生水利用项目优先。

（3）突出重点。原则上，骨干工程项目均从优先控制单元范围内筛选；与控制单元主要防治需求方向和重点一致的项目，优先于非主要防治方向和重点的项目。

（4）合理可行。优先考虑投资低、效益大、采用适合当地自然条件和污染物特征的工艺、建成后能长期正常运行的项目。

（5）规模适度。原则上规模过小、水污染防治效益不高的项目由各地自行组织实施，不纳入《"十三五"规划》；同时城市污水处理等建设规模要与给水排水规模基本吻合。

（6）便于实施。前期准备工作充分，已获得项目建议书、可行性研究报告、环境影响评价和土地等审批文件的项目优先。

7.3　项目投资匡算

按照丹江口库区及上游水污染防治和水土保持"十三五"规划建设任务，结合地方项目储备情况，初步筛选四大类 1 121 个项目，总投资 197.18 亿元。按项目类型分，点源治理项目 637 个，投资 84.99 亿元，占总投资的 43.10 %；面源控制项目 356 个，投资 78.08 亿元，占总投资的 39.60 %；生态保护与建设项目 89 个，投资 22.80 亿元，占总投资的 11.56 %；风险管控项目 39 个，投资 11.30 亿元，占总投资的 5.73 %。按省市分，河南省 156 个，投资 36.66 亿元，占总投资的 18.60 %；湖北省 234 个，投资 77.02 亿元，占总投资的 39.06 %；陕西省 731 个，投资 83.49 亿元，占总投资的 42.34 %。详情见表 7-1。

表 7-1　推荐项目投资统计

序号	项目类别	项目数/个				投资/亿元			
		河南省	湖北省	陕西省	合计	河南省	湖北省	陕西省	合计
1	点源治理项目	83	113	441	637	10.20	38.24	36.55	84.99
2	面源控制项目	48	111	197	356	14.16	34.02	29.91	78.09
3	生态保护与建设项目	19	0	70	89	11.82	0.00	10.98	22.80
4	风险管控类项目	6	10	23	39	0.48	4.76	6.06	11.30
	合　计	156	234	731	1 121	36.66	77.02	83.49	197.18

7.4　项目效益估算

通过规划项目的实施，估算城镇污水处理实际处理能力由 104 万 t/d 提高到 159.03 万 t/d，其中提标改造污水处理 65.5 万 t/d，污水处理率从现状 80 % 提高到 90 %，增加污染物削减能力 COD 33 913 t/a、氨氮 4 201 t/a、总氮 3 683 t/a、总磷 501 t/a；新增垃圾和污泥焚烧发电处理能力 4 000 t/d，新增污泥（含水率 80 %）处理能力 439 t/d，基本实现资源化、无害化，减少二次污染和突发性污染事件风险；农业农村治理区增加污染物削减能力 COD 22 415 t/a、氨氮 1 232 t/a、总氮 7 903 t/a、总磷 146 t/a；治理水土流失 3 210 km²，建设生态清洁小流域 1 127 km²；增加森林草原植被 1 200 km²，天然林保护面积 4 549 km²。新增水土流失治理区林草覆盖率提高 5～10 个百分点，年均减少土壤侵蚀量 0.2 亿～0.3 亿 t，增加涵养水量 12 亿 m³。通过全面实施规划，一是水源区的污染防治进一步深化，基本消除水质不达标断面，丹江口水库水质继续保持优良且营养水平得到控制；二是生态建设水平稳步提高，水源涵养能力持续增强；三是饮用水水源地的规范化建设、监测应急能力建设得到加强，有效降低突发性污染风险。

7.5　项目实施机制

工程项目是各项任务要求得以落实的最终依托，对规划目标的实现具有决定性作用。考虑到项目实施过程中的不确定性，结合以往各期重点流域水污染防治规划实施经验，"十三五"期间应进一步完善规划项目实施机制，加强过程管理，着重把握以下四个方面。

一是督导各地加强控制单元水污染防治方案编制和论证，提升治污的科学性和系统性。方案是以控制断面水质目标为依据，针对控制单元这个相对完整的汇水范围，立足现有数据条件，在企事业单位排污与断面水质间输入响应关系分析的基础上，系统设计的一系列治污措施和项目。通过加强方案编制和论证，可以有效提高治污的系统性、科学性，减少项目建设的盲目性。

二是实施动态管理。考虑到各地经济社会发展和水污染防治工作进展中存在的不确定性，建议采取项目储备库动态管理的方式推进项目实施。由各地梳理拟建和在建的项目，建设项目储备库；加强项目库各项目的建设内容、技术路线、工作进度、资金安排等方面的信息管理，入库项目情况如发生重大变化，应及时进行修改、补充和完善，不具备实施条件的项目要及时调出，符合相关要求且具备前期工作基础的项目要及时补充，形成"谋划一批、储备一批、实施一批、补充一批"的良性循环机制。

三是创新资金管理办法。按照"山水林田湖"系统保护的理念，鼓励地方积极整合统筹发改、财政、水利、住建、农业、林业等各种渠道资金，集中用于流域水污染防治。建议对中央资金安排的项目，可按规定的使用范围全额打足，避免地方配套资金不足造成的"半拉子"工程；鼓励社会资本参与投资，激发市场投资活力，提高投资效益。

四是强化项目绩效评估与考核。建议建立健全项目绩效评估考核机制，将水质改善情况、地方及社会投入情况、长效管护机制推进情况、中央资金执行情况等作为项目绩效评估与考核的重要内容，强化评估和考核结果的应用。对绩效评价结果持续较差的，采取相应处罚措施；对绩效评价结果较好的，加大中央资金支持与奖励力度。

第8章 政策机制保障

8.1 组织保障

8.1.1 落实政府部门责任

继续发挥丹江口库区及上游水污染防治和水土保持部际联席会议制度的协调和指导作用，及时研究协调规划实施的重大问题。部际联席会议各成员单位要结合本部门工作，各司其职、各负其责，既要有分工，又要形成合力。河南、湖北、陕西三省政府应组织省有关部门和水源区地方政府建立规划实施的组织协调机构，负责结合本地区实际情况制订规划实施方案，具体组织方案的实施，及时监督项目进度和质量，定期向部际联系会议报告规划实施进展。

流域各省人民政府对规划区水环境质量负总责，是规划实施的责任主体。国务院南水北调办公室与流域各省人民政府签订南水北调中线水源保护责任书。各级地方政府要将规划目标和任务逐级分解到相关市、县、乡镇及企事业单位，层层签订责任状，并将干部政绩考核与水源保护目标任务挂钩，做到责任到位、措施到位、工作到位。

8.1.2 推进信息公开与公众参与

各地政府公开饮用水源保护区、断面水质等水环境质量状况及水环境整治方案；企业公开其产生的主要污染物名称、排放方式、排放浓度和总量、超标排放情况以及污染防治设施的建设和运行情况，主动接受监督。拓宽公众参与渠道，健全举报制度，充分发挥"12369"环保举报热线和网络平台作用。限期办理群众举报投诉的环境问题，一经查实，可给予举报人奖励。通过公开听证、网络征集等形式，充分听取公众对重大决策和建设项目的意见。

8.1.3 以控制单元为核心的目标责任落实机制

将控制单元作为落实污染防治措施和环境管理政策措施的主要层级，以控制单元控制断面水质目标为刚性约束，统筹部署总量控制、排污许可证核发、淘汰落后产能、制定环保准入标准、实施污染治理和生态修复工程等工作。

将控制单元水质保护目标落实到区县、乡镇人民政府,将水环境质量"只能更好、不能变坏"作为水环境保护责任红线;各级政府要按照"一岗双责"的要求细化明确各部门水环境保护职责,形成强大治污合力。推行党委、人大、政府、政协等负责人牵头组织、指导协调、推动落实水体治理的"河长"制,实现分片包干、任务到人。建立水质考核和水环境补偿机制,推进控制单元水质持续改善。

8.1.4　以排污许可为核心的企业监管机制

建立排污权有偿使用制度。以控制单元水质目标和环境容量为依据,合理确定现有排污单位的排污权,排污单位在缴纳使用费后获得排污权,或通过交易获得排污权;依法核发排污许可证,将污染物排放种类、浓度、总量、排放去向等纳入许可证管理范围,禁止无证排污或不按许可证规定排污,对排污单位实行"一本书"、全过程管理。

推进排污权交易。遵循自愿、公平、有利于环境质量改善和优化环境资源配置的原则,积极支持和指导排污单位通过淘汰落后和过剩产能、清洁生产、污染治理、技术改造升级等减少污染物排放,形成"富余排污权"参加市场交易;建立排污权储备制度,回购排污单位"富余排污权",适时投放市场,重点支持战略性新兴产业、重大科技示范等项目建设;积极探索排污权抵押融资等方式推进排污权交易。

8.2　资金保障

8.2.1　加大政府资金投入

国务院有关部门要按照规划,优先安排重点流域水污染防治中央预算内投资、水污染防治专项资金、水土保持资金、农村环境突出问题治理专项资金以及退耕还林、天然林保护、石漠化治理专项资金等,确保中央相关资金的落实到位。完善中央财政对水源区生态转移支付的测算、使用和管理办法,加大对水源区地方政府的转移支付力度,支持水源区各项环保设施和相关生态环保建设,优先保障污水和垃圾处理设施的正常运行以及为保护水质采取的清理、取缔污染源的措施。

水源区地方政府负责按国务院有关部门要求做好项目申报工作,切实把国务院有关部门下达的资金落实到规划项目上,同时将环境保护作为地方政府公共财政支持重点,将中央财政对水源区重点生态功能区转移支付资金用于保障水源区各项环保设施和相关生态项目的建设和运行。

北京市、天津市负责对口协作帮扶水源区,每年安排资金支持水源区地方提高公共服务水平,发展生态环境友好型产业,帮助水源区形成适应水源保护要求的产业结构、经济社会可持续发展。

8.2.2　吸引社会资本投入

水源区地方政府要认真贯彻国务院关于推进环境污染第三方治理、重点建设领域投融资体制改革要求，以市场化运作模式吸引社会资本投入水源保护，探索实施公共私营合作制（Public-private partnership，PPP）融资，积极推行政府采购环保服务，大力推行基于水体质量改善需求的综合环境服务，鼓励环境服务市场主体以合同环境服务的方式，以取得可量化的环境效果为基础收取服务费。鼓励实行特许经营等方式提高治污效率，推进环境设施专业化、社会化运营服务，提升治污设施运营效益和管理水平。

鼓励地方政府在政策允许的情况下，以行政区域为单位，将其辖区内的相关工程整体打包，从而实现盈利项目与不盈利项目互相补充，吸引社会资本以 PPP 等融资形式投入水源区环境保护工作。

8.2.3　完善市场运行机制

加强排污费、污水处理费征收使用管理，拓展水环境保护资金来源。严格按照"谁污染、谁付费"的原则，认真核定污染治理成本，合理提高排污费征收标准，根据主要超标因子等因素适当增加污染物计征种类。城镇污水处理收费标准不应低于污水处理和污泥处理处置成本，要做到应收尽收。

鼓励金融机构为相关项目提高授信额度、增进信用等级，支持开展排污权、收费权、政府购买服务协议及特许权协议项下收益质押担保融资，探索开展污水垃圾处理服务项目预期收益质押融资，完善社会资本投入的激励机制。

建立公平竞争机制。以污水、垃圾处理等环境公用设施和工业园区为重点，推行环境污染第三方治理，明显提高污染治理效率和专业化水平。健全环保工程设计、建设、运营等领域招投标管理办法和技术标准，废止妨碍形成全国统一环保市场和公平竞争的规定和做法。

8.3　科技保障

8.3.1　完善基础数据收集管理机制

完善生态环境监测网络。各地在规划确定的 49 个监测点位的基础上，可以进一步增设监测断面。针对水源区面源污染日益凸显、总氮浓度偏高等突出问题，完善现有污染源、水质等监测统计工作，将总氮纳入常规监测统计指标之一，充分利用遥感等信息化手段，加强对面源污染、水生态状况等方面的监测。对丹江口库区等敏感区域开展网格化监测，为科学诊断总氮来源、制定针对性防治措施提供基础数据。

建立生态环境监测数据集成共享机制。环境保护、国土资源、住房城乡建设、交通运输、水利、农业、卫生、林业、气象等部门和单位获取的环境质量、污染源、生态状况监测数据要实现有效集成、互联共享。加快生态环境监测信息传输网络与大数据平台建设，加强生态环境监测数据资源开发与应用，开展大数据关联分析，为生态环境保护决策、管理和执法提供数据支持。

8.3.2 加强重点问题研究

各级政府应加大科研支持和投入力度，从确保南水北调中线水源长治久安出发，针对通水运行后显现的水生态和水环境问题，特别是丹江口水库营养化趋势，以问题为导向开展科研攻关，提高水源保护的针对性、科学性、系统性和前瞻性，为相关政策措施制定、水源保护与区域经济社会协调发展长效机制建设提供基础支撑。研究重点包括丹江口水库总氮来源解析及其迁移转化规律、气候变化与人类活动对水源区入库水量的影响、人工增雨等增加入库水量的对策措施、水生态健康评价与调控措施；水源区水资源—水环境—经济社会发展演变过程和规律等。

8.3.3 推广应用先进适用技术

各地可参考有关部门发布的相关技术指导目录等成果，结合本地区水污染防治和水土保持实践，筛选出行之有效、成本效益合理、适宜本地区推广的先进适用技术，包括面源污染防治、畜禽养殖污染防治、生态农业发展、总氮防控、农村低成本污水处理等方面的技术，编制技术指导目录，建立信息反馈机制，定期更新技术目录，为水污染防治和水土保持等实践提供指导。

附图

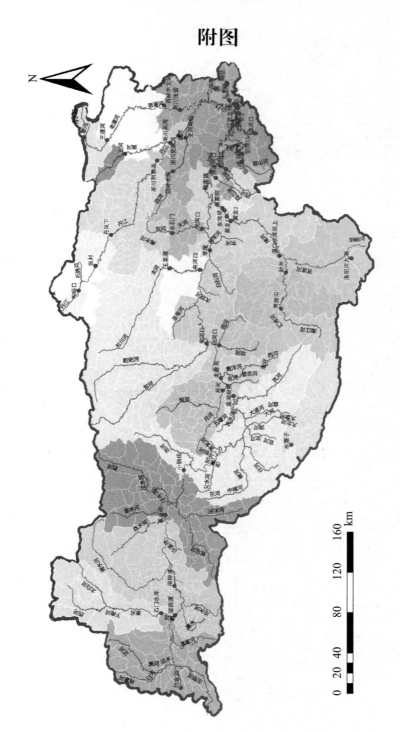

附图1 控制单元划分图

km
0 20 40   80   120   160

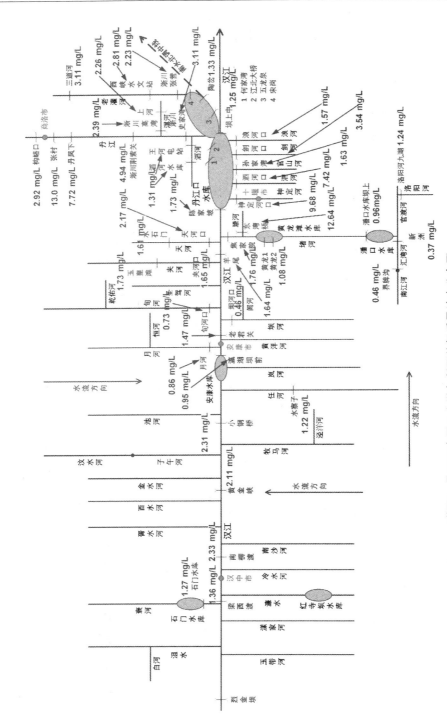

附图2　丹江口库区及上游各断面总氮质量浓度分布图

附表 规划分区与控制单元划分

规划分区	控制单元名称	责任省份	责任区县	所含乡镇
Ⅰ 水源地安全保障区	Ⅰ-1 老灌河卢氏栾川控制单元	河南省	栾川县	三川镇、冷水镇、叫河镇
			卢氏县	五里川镇、朱阳关镇、双槐树乡、汤河乡
	Ⅰ-2 老灌河西峡控制单元	河南省	西峡县	白羽街道、紫金街道、莲花街道、双龙镇、回车镇、丁河镇、桑坪镇、米坪镇、五里桥镇、太平镇、二郎坪镇、军马河镇、石界河镇
	Ⅰ-3 老灌河淅川控制单元	河南省	西峡县	丹水镇、田关乡
			内乡县	桃溪镇
			淅川县	龙城街道、商圣街道、金河镇、上集镇、毛堂乡
	Ⅰ-4 淇河卢氏控制单元	河南省	卢氏县	瓦窑沟乡、狮子坪乡
	Ⅰ-5 淇河西峡控制单元	河南省	西峡县	西坪镇、重阳镇、寨根乡
			淅川县	西簧乡
	Ⅰ-6 丹江商州源头区控制单元	陕西省	商州区	金陵寺镇、麻街镇、黑龙口镇、牧护关镇、三岔河镇
	Ⅰ-7 丹江商州控制单元	陕西省	商州区	城关街道、大赵峪街道、陈塬街道、刘湾街道、沙河子镇、杨峪河镇、杨斜镇、大荆镇、腰市镇、板桥镇、麻池河镇、西荆镇
			洛南县	谢湾镇、四皓镇
	Ⅰ-8 丹江丹凤控制单元	陕西省	商州区	夜村镇、北宽坪镇、上官坊镇
			洛南县	景村镇
			丹凤县	龙驹寨镇、蔡川镇、商镇、棣花镇
	Ⅰ-9 丹江陕西省界控制单元	陕西省	丹凤县	庾岭镇、峦庄镇、铁峪铺镇、武关镇、竹林关镇、土门镇、寺坪镇、资峪镇、月日镇、桃坪镇、花瓶子镇、北赵川镇
			商南县	城关镇、富水镇、湘河镇、白浪镇、金丝峡镇、过风楼镇、试马镇、清油河镇、青山镇、魏家台镇、水沟镇
			山阳县	高坝店镇、中村镇、银花镇、双坪镇、两岭镇

续表

规划分区	控制单元名称	责任省份	责任区县	所含乡镇
I 水源地安全保障区	I-10 丹江入库前控制单元	河南省	淅川县	荆紫关镇、寺湾镇、大石桥乡
	I-11 滔河陕西省界控制单元	陕西省	商南县	赵川镇、十里坪镇
	I-12 滔河湖北控制单元	湖北省	郧县	南化塘镇、白浪镇、刘洞镇、谭山镇、梅铺镇、大柳乡
	I-13 库周南阳控制单元	河南省	内乡县	瓦亭镇、岞岖乡
			淅川县	老城镇、香花镇、丹阳镇、盛湾镇、仓房镇、马蹬镇、滔河乡
			邓州市	彭桥镇
	I-14 库周十堰控制单元	湖北省	郧县	安阳镇、白桑关镇、青山镇
			丹江口市	均州路街道、大坝街道、丹赵路街道、三官殿街道、土关垭镇、丁家营镇、六里坪镇、均县镇、习家店镇、蒿坪镇、石鼓镇、凉水河镇、龙山镇
	I-15 天河陕西省界控制单元	陕西省	山阳县	西照川镇、王阎镇、天桥镇、石佛寺镇
	I-16 天河湖北控制单元	湖北省	郧西县	城关镇、土门镇、观音镇、香口乡、安家乡
	I-17 库尾湖北控制单元	湖北省	郧县	城关镇、杨溪铺镇、青曲镇、茶店镇、柳陂镇、鲍峡镇、胡家营镇、谭家湾镇、五峰乡
			郧西县	羊尾镇、马安镇、河夹镇、涧池乡
	I-18 浪河控制单元	湖北省	丹江口市	浪河镇、盐池河镇
	I-19 剑河控制单元	湖北省	丹江口市	武当山街道
	I-20 官山河控制单元	湖北省	丹江口市	官山镇
	I-21 泗河控制单元	湖北省	茅箭区	武当路街道、白浪街道、大川镇、茅塔乡、鸳鸯乡
	I-22 神定河控制单元	湖北省	茅箭区	二堰街道、五堰街道
			张湾区	花果街道、红卫街道、车城街道、汉江街道
	I-23 犟河控制单元	湖北省	张湾区	柏林镇、西沟乡
	I-24 堵河下游控制单元	湖北省	张湾区	黄龙镇、方滩乡

规划分区	控制单元名称	责任省份	责任区县	所含乡镇
Ⅱ水质影响控制区	Ⅱ-1 夹河陕西控制单元	陕西省	商州区	黑山镇、砚池河镇、阎村镇
			山阳县	城关镇、天竺山镇、漫川关镇、南宽坪镇、户家塬镇、杨地镇、牛耳川镇、小河口镇、色河铺镇、板岩镇、元子街镇、十里铺镇、延坪镇、法官镇
			镇安县	大坪镇、米粮镇、茅坪回族镇、灵龙镇
			柞水县	小岭镇、凤凰镇、红岩寺镇、曹坪镇、蔡玉窑镇、杏坪镇、瓦房口镇、柴庄镇、丰北河镇
	Ⅱ-2 夹河湖北控制单元	湖北省	郧西县	上津镇、店子镇、夹河镇、关防乡、湖北口回族乡、景阳乡、六郎乡
	Ⅱ-3 旬河控制单元	陕西省	宁陕县	江口回族镇、广货街镇、金川镇、丰富镇
			旬阳县	小河镇、赵湾镇、麻坪镇、甘溪镇、白柳镇、桐木镇、仁河口镇
			镇安县	永乐镇、回龙镇、铁厂镇、西口回族镇、高峰镇、青铜关镇、柴坪镇、达仁镇、木王镇、东川镇、云盖寺镇、庙沟镇、张家镇、月河镇、杨泗镇
			柞水县	乾佑镇、营盘镇、下梁镇、石瓮镇
	Ⅱ-4 汉江陕西省界控制单元	陕西省	汉滨区	新城街道、江北街道、关庙镇、石转镇、早阳镇、共进镇、石梯镇
			旬阳县	城关镇、棕溪镇、关口镇、蜀河镇、双河镇、吕河镇、段家河镇、仙河镇、构元镇、红军镇
			白河县	城关镇、中厂镇、构扒镇、卡子镇、茅坪镇、宋家镇、西营镇、仓上镇、冷水镇、双丰镇、小双镇、麻虎镇
	Ⅱ-5 月河控制单元	陕西省	汉滨区	五里镇、大同镇、恒口镇、茨沟镇、大河镇、沈坝镇、叶坪镇、中原镇、双溪镇、谭坝镇、紫荆镇
			汉阴县	城关镇、涧池镇、蒲溪镇、平梁镇、双乳镇、铁佛寺镇、龙垭镇、酒店镇、双河口镇、观音河镇
	Ⅱ-6 汉江安康城区控制单元	陕西省	汉滨区	老城街道、建民街道、张滩镇、瀛湖镇、关家镇、县河镇
			平利县	老县镇、大贵镇、三阳镇、洛河镇

续表

规划分区	控制单元名称	责任省份	责任区县	所含乡镇
Ⅱ水质影响控制区	Ⅱ-7 坝河控制单元	陕西省	汉滨区	坝河镇
			平利县	城关镇、兴隆镇、广佛镇、长安镇、西河镇
			旬阳县	神河镇、赤岩镇、金寨镇、石门镇、铜钱关镇
	Ⅱ-8 南江河控制单元	陕西省	镇坪县	城关镇、曾家镇、牛头店镇、钟宝镇、洪石镇、上竹镇、曙坪镇、小曙河镇、华坪镇
	Ⅱ-9 汇湾河控制单元	湖北省	竹山县	擂鼓镇、秦古镇、得胜镇、竹坪乡、大庙乡
			竹溪县	城关镇、蒋家堰镇、中峰镇、水坪镇、县河镇、泉溪镇、丰溪镇、龙坝镇、兵营镇、汇湾镇、鄂坪乡、天宝乡、新洲乡
	Ⅱ-10 官渡河神农架控制单元	湖北省	神农架林区	大九湖镇
	Ⅱ-11 官渡河控制单元	湖北省	竹山县	溢水镇、麻家渡镇、宝丰镇、上庸镇、官渡镇、深河乡、柳林乡
			竹溪县	桃源乡、向坝乡
			房县	上龛乡、中坝乡、九道乡
	Ⅱ-12 堵河黄龙滩水库控制单元	湖北省	郧县	叶大乡
			竹山县	城关镇、潘口乡、双台乡、楼台乡、文峰乡
			房县	大木厂镇、门古寺镇、窑淮镇、姚坪乡、回龙乡
Ⅲ水源涵养生态建设区	Ⅲ-1 任河重庆控制单元	重庆市	城口县	葛城街道、复兴街道、巴山镇、坪坝镇、庙坝镇、修齐镇、高观镇、高燕镇、龙田乡、北屏乡、高楠乡、左岚乡、沿河乡、治平乡、岚天乡、厚坪乡、河鱼乡、东安乡
	Ⅲ-2 汉江安康水库控制单元	四川省	万源市	大竹镇、庙坡乡、紫溪乡、庙子乡、钟停乡、白果乡
		陕西省	西乡县	高川镇、两河口镇、五里坝镇
			镇巴县	观音镇、巴庙镇、兴隆镇、碾子镇、巴山镇、平安镇
			汉滨区	吉河镇、流水镇、大竹园镇、洪山镇、双龙镇、田坝镇、晏坝镇、新坝镇、牛蹄镇
			汉阴县	漩涡镇、汉阳镇、上七镇、双坪镇

规划分区	控制单元名称	责任省份	责任区县	所含乡镇
Ⅲ水源涵养生态建设区	Ⅲ-2 汉江安康水库控制单元	陕西省	石泉县	城关镇、迎丰镇、池河镇、后柳镇、喜河镇、熨斗镇、云雾山镇、中池镇
			宁陕县	龙王镇、太山庙镇
			紫阳县	城关镇、蒿坪镇、汉王镇、焕古镇、向阳镇、洞河镇、洄水镇、斑桃镇、双桥镇、高桥镇、红椿镇、高滩镇、毛坝镇、瓦庙镇、麻柳镇、双安镇、东木镇、界岭镇、广城镇、绕溪镇、联合镇
			岚皋县	城关镇、佐龙镇、花里镇、滔河镇、官元镇、石门镇、民主镇、大道河镇、蔺河镇、溢河镇、四季镇、孟石岭镇、横溪镇、堰门镇、铁炉镇
			平利县	八仙镇、正阳镇
	Ⅲ-3 汉江石泉水库控制单元	陕西省	洋县	黄金峡镇、金水镇、桑溪镇
			西乡县	城关镇、杨河镇、柳树镇、沙河镇、私渡镇、桑园镇、白龙塘镇、峡口镇、堰口镇、茶镇、大河镇、罗镇、骆家坝镇、子午镇、白勉峡镇
			镇巴县	泾洋镇、小洋镇、杨家河镇
			佛坪县	袁家庄镇、陈家坝镇、大河坝镇、西岔河镇、长角坝镇、十亩地镇、石墩河镇、岳坝镇
			石泉县	饶峰镇、两河镇、曾溪镇
			宁陕县	城关镇、四亩地镇、筒车湾镇、皇冠镇、梅子镇、新场镇
	Ⅲ-4 汉江城固洋县控制单元	陕西省	周至县	厚畛子镇
			太白县	黄柏塬镇
			城固县	博望镇、龙头镇、沙河营镇、文川镇、柳林镇、老庄镇、崔家山镇、桔园镇、原公镇、上元观镇、天明镇、二里镇、五堵镇、双溪镇、小河镇、三合镇、董家营镇、五郎庙镇
			洋县	洋州镇、戚氏镇、龙亭镇、谢村镇、马畅镇、溢水镇、磨子桥镇、黄家营镇、黄安镇、槐树关镇、华阳镇、茅坪镇、白石镇、长溪镇、四郎镇、关帝镇、八里关镇

续表

规划分区	控制单元名称	责任省份	责任区县	所含乡镇
Ⅲ水源涵养生态建设区	Ⅲ-5 汉江汉中控制单元	陕西省	汉台区	北关街道、东大街街道、汉中路街道、中山街街道、东关街道、龙江街道、七里街道、铺镇、武乡镇、宗营镇、老君镇、汉王镇、徐望镇
			南郑县	汉山镇、圣水镇、大河坎镇、协税镇、梁山镇、阳春镇、高台镇、新集镇、濂水镇、黄官镇、青树镇、红庙镇、牟家坝镇、法镇、湘水镇、小南海镇、两河镇、胡家营镇、忍水镇
	Ⅲ-6 汉江源头控制单元	陕西省	汉台区	鑫源街道
			凤县	留凤关镇
			南郑县	黎坪镇
			勉县	勉阳镇、武侯镇、周家山镇、同沟寺镇、新街子镇、老道寺镇、褒城镇、金泉镇、定军山镇、温泉镇、元墩镇、阜川镇、新铺镇、青羊驿镇、茶店镇、镇川镇、长沟河镇、张家河镇、漆树坝镇
			宁强县	汉源镇、高寨子镇、大安镇、铁锁关镇、胡家坝镇、庙坝镇
			略阳县	两河口镇、硖口驿镇、何家岩镇、黑河镇、观音寺镇、仙台坝镇
			留坝县	留侯镇
		甘肃省	两当县	云屏乡
	Ⅲ-7 褒河控制单元	陕西省	凤县	黄牛铺镇、平木镇、坪坎镇
			太白县	嘴头镇、靖口镇、太白河镇、王家塄镇
			汉台区	河东店镇
			留坝县	城关镇、马道镇、武关驿镇、江口镇、青桥驿镇、火烧店镇、玉皇庙镇